四川省大气环境
气象条件评估与预报

四川省气象灾害防御技术中心　著

气象出版社
China Meteorological Press

内容简介

本书以提高环境气象工作者的业务服务能力为目的,结合工作实际以及业务需求,介绍了四川省环境气象业务中大气环境气象条件评估及环境气象条件预报业务的主要内容和技术方法。全书共分4章,重点介绍了大气环境状况评估、气象因子与大气污染关系分析、气象条件评估、空气污染扩散气象条件预报等业务技术。

本书理论与实际相结合,实用价值较高,可供气象部门、环保部门及相关高等院校、科研机构的科技工作者或者关心环境气象工作的广大读者研读。

图书在版编目(CIP)数据

四川省大气环境气象条件评估与预报 / 四川省气象灾害防御技术中心著. -- 北京 : 气象出版社,2022.9
ISBN 978-7-5029-7807-5

Ⅰ.①四… Ⅱ.①四… Ⅲ.①大气环境—气象条件—气象预报—四川 Ⅳ.①P457

中国版本图书馆CIP数据核字(2022)第166030号

四川省大气环境气象条件评估与预报

Sichuan Sheng Daqi Huanjing Qixiang Tiaojian Pinggu yu Yubao

四川省大气象灾害防御技术中心 著

出版发行:气象出版社
地 址:北京市海淀区中关村南大街 46 号 **邮政编码:**100081
电 话:010-68407112(总编室) 010-68408042(发行部)
网 址:http://www.qxcbs.com **E-mail:** qxcbs@cma.gov.cn
责任编辑:隋珂珂 **终 审:**吴晓鹏
责任校对:张硕杰 **责任技编:**赵相宁
封面设计:楠竹文化
印 刷:北京建宏印刷有限公司
开 本:710 mm×1000 mm 1/16 **印 张:**7.25
字 数:180 千字
版 次:2022 年 9 月第 1 版 **印 次:**2022 年 9 月第 1 次印刷
定 价:52.00 元

编委会

主　　任：杨　进

副主任：上官昌贵　赵晓莉

编　　委：靳小兵　刘炜桦　曹　杨

撰写组

主　　编：赵晓莉

副主编：刘炜桦　靳小兵　杨　进

撰稿人：曹　杨　王晨曦　成　翔　杜筱筱

　　　　耿　蔚　闫　军　王维佳　黄晓龙

目　　录

第1章 大气环境状况评估

1.1 概述

大气环境是指生物赖以生存的空气的物理、化学和生物特性,与人类生存密切相关,主要包括空气的温度、湿度、风速、气压、降水及大气中氮、氧、氢、二氧化碳、水汽、氨、二氧化硫、一氧化碳、氮化物与氟化物的含量等。

大气能见度的好坏与交通及人们的日常生活密切相关,随着工业经济的发展和人口的高度密集,人类活动释放的各种大气污染物使城市的大气能见度呈现下降的趋势。引起大气能见度下降的主要原因是大气污染,其中大气颗粒物含量特别是细颗粒物是造成能见度下降的主要原因。

霾是视程障碍物,是大量极细微的尘粒、烟粒、盐粒等均匀地浮游在空中,使有效水平能见度小于 10 km(人工观测)的空气混浊的现象。由于霾是由灰尘、硫酸、硝酸等粒子组成,其散射的光中波长较长的光比较多,因而霾看起来呈黄色或橙灰色,造成视野模糊导致能见度下降。

酸雨是指 pH 小于 5.6 的雨、雪、雾、雹等大气降水,因其对自然界和人类社会的巨大危害而有着"空中死神"之称。人类工业化进程中大量燃烧以煤炭和石油等为主体的化石燃料造成大量硫氧化物、氮氧化物排入大气中,一旦遭遇雨雪天气就会从大气层降落,给自然界动植物、人类社会建筑物、日常生活带来不容忽视的影响。我国酸雨形成主要是由于大气中人为排放的二氧化硫。

因此,能见度、霾、酸雨作为大气环境变化的结果,受到极大关注。为了更好地了解四川省大气环境变化情况,利用现有与大气环境变化相关的气象观测资料,从四川省气象要素变化对大气环境的影响角度出发,对四川省能见度、霾日数、酸雨以及大气污染扩散气象条件进行了分析。分析资料均来源于四川省气象探测数据中心,并已进行过质量控制;霾日数统计数据来源于天气现象记录中霾天气现象记录;酸雨数据来源于气象部门酸雨观测站点观测结果。

1.2 能见度

能见度是指视力正常的人,在当时的天气条件下,能够从天空背景中看到和辨认的目标物的最大水平距离,以米或千米为单位。太阳光在穿过大气时,大气中的各种分子会对阳光进行吸收和散射,因此当阳光穿透大气照到地面时,就损失了大量的可见光,导致了大气能见度降低。当雾霾发生时,空气变得浑浊,空气中颗粒物越多,对阳光的吸收和散射作用就越强,损失的阳光也就越多,大气能见度就越低。

目前,四川省156个观测站均使用能见度自动观测仪,它测定的是一定基线范围内的能见度。为了更清晰地刻画不同区域能见度的分布情况,选取由国家气象信息中心制作的全国智能网格实况融合分析产品进行评估分析。通过对评估时段能见度的分析评估,可以直观地描述全省能见度分布特征,侧面反映评估时段内大气浑浊程度,也可以通过不同年份同时段能见度对比,来了解两个评估时段能见度的变化情况,从而反映空气质量的变化。

地面水平能见度受气溶胶浓度和相对湿度影响大。由于四川盆地气溶胶浓度和相对湿度高于川西高原、攀西地区,降水也多于川西高原、攀西地区,平均能见度呈现西高东低特征。

2018年四川省平均能见度为20.0 km,四川盆地平均能见度为14.4 km。其中,川西高原、攀西地区平均能见度在23 km左右;盆地南部、盆地中部、盆地西南部平均能见度均低于四川盆地平均能见度。从城市看,自贡、宜宾、眉山、成都平均能见度较低,均低于12 km(图1.1a)。

2019年四川省平均能见度为20.4 km,四川盆地平均能见度为14.3 km。攀西地区、川西高原平均能见度较高在24 km左右;盆地南部平均能见度仅为11.6 km。从城市看,自贡、宜宾、眉山、成都平均能见度较低,均低于11.5 km(图1.1b)。

2020年四川省平均能见度为20.7 km,四川盆地平均能见度为15.4 km。攀西地区、川西高原平均能见度在22~24 km之间;盆地南部平均能见度为12 km。从城市看自贡、宜宾平均能见度较低,均低于12 km;广安、泸州平均能见度在11~12 km之间(图1.1c)。

2019年四川省平均能见度与2018年相比升高0.4 km(图1.2a),四川盆地平均降低0.1 km。川西高原和攀西地区平均升高0.5~1 km,盆地东北部平均能见度降幅较为显著,达0.5 km,其余地区能见度降幅均在0.2 km内。四川盆地内,巴中、遂宁平均能见度降低0.8 km,雅安、内江、绵阳、广元平均能见度上升0.2 km。

2020年四川省平均能见度与2019年相比,平均升高0.3 km(图1.2b),四川盆地平均升高1.1 km,其中盆地西北部、盆地中部、盆地西南部平均能见度增幅较为显著,增幅在1.3~1.6 km之间;攀西地区平均能见度降低1 km,川西高原平均能见度也略有降低。德阳、资阳、成都、绵阳、眉山能见度升高1.5 km以上。

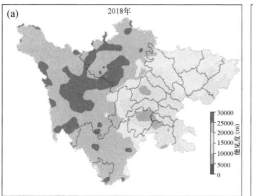
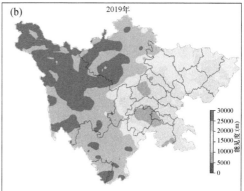
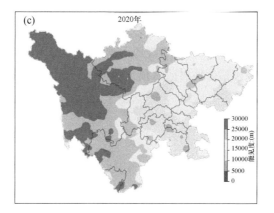

图 1.1 2018—2020 年四川省平均能见度分布图

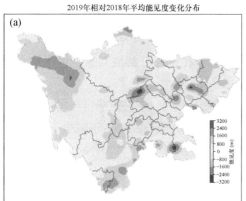
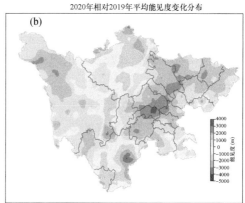

图 1.2 2019—2020 年当年与前一年四川省平均能见度差值统计图

1.3 霾

霾日数据来源于四川省国家级地面气象观测站中的霾天气现象观测数据。霾人工观测方法依据《地面气象观测规范》(中国气象局,2003);霾自动观测识别方法依据国家标准 GB/T 36542—2018《霾的观测识别》。排除降水、沙尘暴、扬尘、浮尘、吹雪、雪暴、烟幕等影响视程的天气现象后,按以下方法进行识别:

(1)在观测时,水平能见度<10.0 km 且相对湿度<80%,直接识别为霾。

(2)在观测时,水平能见度<10.0 km 且 80%≤相对湿度<95%,当吸湿增长后气溶胶消光系数与实际大气消光系数的比值达到或超过 0.8 时,识别为霾。

霾日记录方法为一日内霾现象持续 6 h 及以上时,记为一个霾日。平均霾日数统计方法为区域内国家级地面气象观测站天气现象观测数据中霾现象出现的算术平均值。通过霾日数的统计分析,可以直观地了解评估时段内四川省霾的分布及变化情况。霾日数的统计分析包括评估时段内霾日数、评估时段与对比历史同期时段霾日数差异。

1.3.1 现状

2018 年四川省平均霾日数为 5.5 d,四川盆地平均霾日数为 7.6 d(图 1.3a)。其中,盆地南部、盆地西北部平均霾日数高于 11 d,盆地西南部平均霾日数为 9 d,盆地东北部、盆地中部平均霾日数低于 4 d。

2019 年四川省平均霾日数为 2.6 d,四川盆地平均霾日数为 3.5 d(图 1.3b)。其中,盆地南部、盆地西北部平均霾日数分别为 6 d、4.4 d,盆地其余地区平均霾日数均低于 4 d。

2020 年四川省平均霾日数为 2.2 d,四川盆地平均霾日数为 2.6 d(图 1.3c)。其中,盆地南部平均霾日数 5.8 d,盆地中部平均霾日数 0.7 d,盆地其余地区平均霾日数在 1~3 d。

2019 年四川盆地霾日数与 2018 年相比,平均减少 4.1 d(图 1.4a)。其中,盆地西北部减少 7 d,减少天数最多;盆地西南部、盆地南部分别较 2018 年减少 6.5 d、5.2 d。高县、双流、乐山 2019 年相对 2018 年霾日数天数减少超过 22 d。

2020 年四川盆地霾日数与 2019 年相比,平均减少 0.8 d(图 1.4b)。其中,盆地西北部减少 1.8 d,减少天数最多;盆地西南部、盆地中部分别较 2019 年减少 1.4 d、0.8 d。自贡、温江、新都 2020 年相对 2019 年霾日数减少天数均超过 10 d。

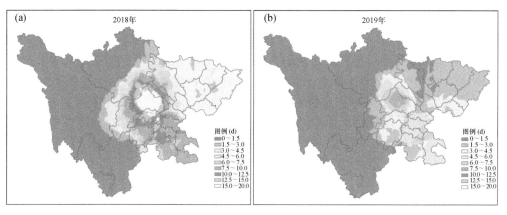

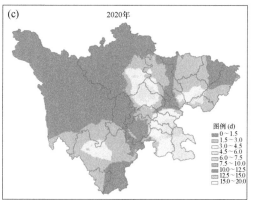

图 1.3　2018—2020 年四川省霾日数分布图

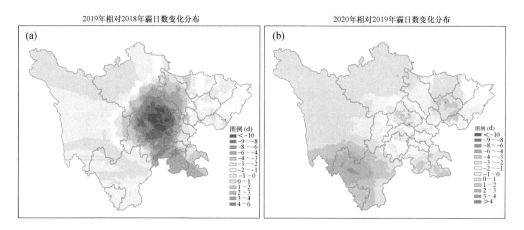

图 1.4　2019—2020 年当年与前一年四川省霾日数差值统计图

1.3.2　近几年变化情况

从 2006 年至 2020 年四川盆地平均霾日数变化趋势可见(图 1.5),2006—2012 年四川省霾日数处于平稳阶段,年均霾日数均低于 10 d。2013 年至 2014 年,四川盆地霾日数呈爆发性增长,盆地西南部、西北部、东部、中部年均霾日数峰值均冲至 40 d 及以上,其中盆地南部年均霾日数最高达 89.8 d。2015 年起盆地各区域平均霾日数均大幅下降,2017 年盆地各区域平均霾日数均低于 18 d,2019 年起盆地各区域平均霾日数已不超过 6 d。攀西地区平均霾日数峰值(10 d)出现在 2015 年,之后逐步下降,2018 年、2019 年小于 0.5 d,2020 年有所反弹,升至 1.9 d。

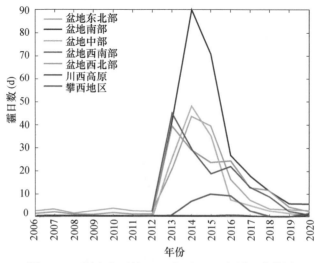

图 1.5　四川省各区域 2006 年至 2020 年霾日变化图

利用 2006—2020 年逐月霾日统计四川各区域月均霾日数,如图 1.6a 所示。除川西高原外,其余区域霾高发主要集中在 12 月、1 月、2 月、3 月,且各区域在 10 月霾日数会有一个小起伏,但 11 月又下降,而后 12 月开始攀升,1 月达到峰值后又开始下降。12 月盆地南部、盆地西北部月均霾日数超过 1.5 d,盆地中部、攀西地区、川西高原月均霾日数低于 1 d;1 月盆地南部、东北部、西北部月均霾日数超过 2 d;2 月盆地南部月均霾日数为 3.2 d,盆地东北部月均霾日数为 2.2 d;3 月只有盆地南部霾日数超过 3 d,其余盆地区域均低于 2 d,攀西地区、川西高原小于 1 d。

如图 1.6a 可见,盆地南部月均霾日数高于其他区域,且 3 月变化趋势与其他区域有较显著差异。为了更好地了解该区域月均霾日数变化趋势,对盆地南部月均霾日数进行分段统计,如图 1.6b 所示。2006—2010 年,盆地南部各月变化不显著,月均霾日数均小于 1 d;2011—2015 年,各月月均霾日数均高于另两个统计时段,12 月月均霾日数开始攀升,直到 3 月达峰值(7 d),而后下降至 2 d 左右;2016—2020 年,月均霾日数较 2011—2015 年明显减少,且月均霾日数峰值出现在 2 月。

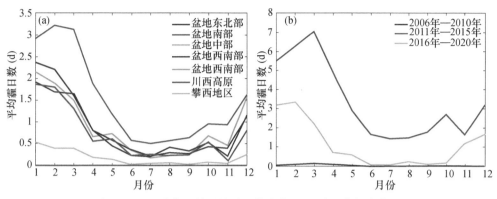

图 1.6　四川省各区域月均霾日数变化(a)及盆地南部变化(b)

1.4　酸雨

酸雨是指 pH 小于 5.6 的大气降水。大气降水 pH 是指大气降水中氢离子活度的负对数。四川省自 1993 年开始进行酸雨观测至今,积累了长年的酸雨观测数据,为了解大气环境质量提供了有力的数据支撑。通过对评估时段降水 pH 与对比时段降水 pH 的对比,可以看出大气中二氧化硫、氮氧化物逐年变化的情况。通过对评估时段酸雨频率与对比时段酸雨频率的变化分析,可以了解大气环境是否在逐步改善。

1.4.1　现状

2018 年,四川省酸雨区(降水 pH 低于 5.60)主要分布于盆地中部及攀西地区(图 1.7a),全省平均降水 pH 为 5.67。2019 年,四川省酸雨区主要分布于盆地中部及攀西地区(图 1.7b),全省年平均降水 pH 为 5.49,较 2018 年平均降水 pH(5.67)降低 3.2%。2020 年,全省年平均降水 pH 为 5.85,较 2019 年平均降水 pH(5.48)略有改善,上升 6.8%。

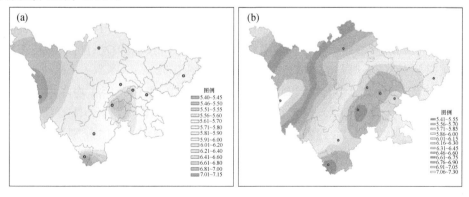

图 1.7　2018 年(左)、2019 年(右)四川省年均降水 pH

2018 年,攀枝花、峨眉山、简阳降水年均 pH 低于 5.60,在 5.4～5.5,为轻微酸雨污染(图 1.8a);攀枝花、峨眉山的年平均酸雨频率在 50%～80%之间。属酸雨频发;简阳、温江的平均酸雨频率在 20%～50%之间,属酸雨多发(图 1.8b)。

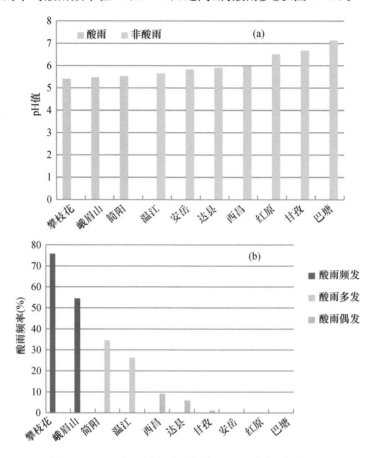

图 1.8　2018 年四川省酸雨年均 pH(a)及酸雨频率(b)

2019 年,温江、峨眉山、攀枝花年均降水 pH 低于 5.60,在 5.1～5.5,为较轻酸雨区(图 1.9a);其中,峨眉山年平均酸雨频率为 73.7%,属酸雨频发;温江、攀枝花平均酸雨频率分别为 38.6%和 38.3%,属酸雨多发(图 1.9b)。

2020 年,四川省 10 个酸雨观测站中仅有峨眉山、攀枝花年平均降水 pH 低于5.6,温江年平均降水 pH5.60。同比 2019 年,温江年平均降水 pH 有所变好,同比增长 10.2%;峨眉山、西昌年平均降水 pH 略有改善,同比分别增长 7.5%、7.0%。全省年均酸雨频率为 13.1%,较 2019 年酸雨频率(20.1%)大幅变好。峨眉山、温江、攀枝花酸雨频率超过 30%,属酸雨多发;安岳、红原、甘孜、巴塘酸雨频率为 0(图 1.9b)。与 2019 年相比,峨眉山、西昌、安岳酸雨频率大幅变好,同比下降超过 100%;温江、攀枝花酸雨频率有所变好,同比分别下降 20.0%、16.4%;达县同比上升 18.3%酸雨频率有所变差;简阳同比上升 54.5%酸雨频率大幅变差。

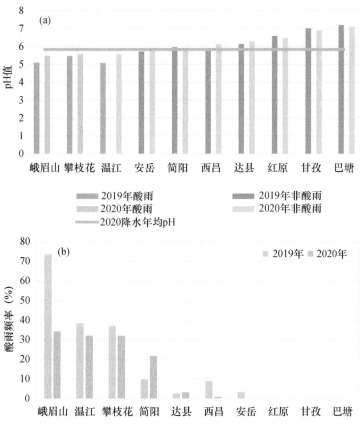

图 1.9   2019—2020 年四川省酸雨年均 pH(a)及酸雨频率(b)

1.4.2   长期变化情况

四川省 10 个酸雨观测站的长期观测资料显示(图 1.10),1993—2020 年四川降水年 pH 仅有 5 次大于 5.6,其中 2020 年降水 pH(5.85)最高。2008—2020 年,四川省降水年 pH 呈缓慢攀升(0.07/a),年均酸雨频率呈阶梯式下降态势(−2.29%/a)。其中,2010 年、2014 年、2017 年年均酸雨频率处于下降的波谷,虽然年酸雨频率尚未达到 1999 年 8.1%最好时期,但从趋势上看在朝好的方向发展。年平均降水 pH 的上升和酸雨频率的降低,反映出四川省对二氧化硫、氮氧化物排放治理的成效,但仍需关注较轻酸雨区(峨眉山、攀枝花)降水 pH 值及酸雨频率的变化情况。

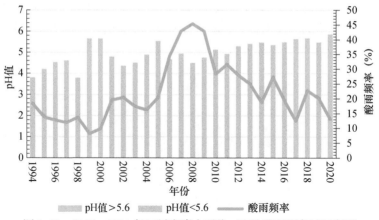

图 1.10　1993—2020 年四川省降水平均 pH 及酸雨频率时间序列

1.5　反应性气体

1.5.1　臭氧柱总量

臭氧是大气中重要的微量气体,约 90% 集中在平流层,10% 左右分布在对流层。臭氧能强烈吸收太阳紫外辐射,保护地球上的生命不受紫外辐射伤害,同时臭氧也是一种温室气体,通过强烈吸收太阳紫外辐射和地气系统的部分长波辐射加热大气。中国的 FY-3 系列卫星为中国第二代极轨气象卫星,成功搭载了自主研制的紫外臭氧总量探测仪(TOU)和紫外臭氧垂直探测仪(SBUS),分别探测大气中的臭氧总量和臭氧垂直廓线,包括 FY-3A(2008—2018 年)、FY-3B(2010—2020 年)和 FY-3C(2013 至今)。以下利用 2011—2019 年 FY-3B 卫星搭载的紫外臭氧探测仪观测反演的大气臭氧总量日产品数据,分析四川省臭氧总量时空分布特征。

1.5.1.1　空间分布

四川省上空臭氧总量分布呈北高南低、东高西低(图 1.11 左),符合臭氧在中高纬度基本呈纬向分布、等值线在陆地上发生弯曲、自西向东略向低纬度地区倾斜的分布特征,主要是因为低纬度大气臭氧随着大气环流向高纬度输送。整体来说,四川盆地臭氧总量大于川西高原和攀西地区。可能原因:一是四川盆地臭氧前体物排放高于川西高原和攀西地区,更易破坏臭氧层;二是地形影响,川西高原和攀西地区高程较高,缩短了臭氧柱,使得臭氧总量减小;三是青藏高原大地形对大气的热力和动力作用,使得青藏高原上空存在明显的臭氧低值中心(周秀骥 等,1995),川西高原和攀西地区位于青藏高原东部边缘位置,易受此因素影响。另外一个可能原因是,西风气流经过青藏高原地形产生的绕流和爬坡作用,使得气流中携带的高纬度高含量和高空高含量臭氧大气在青藏高原东部边缘较低地形处汇合和下沉,而四川盆地作为临近青藏高原东部边缘地区的典型低洼地形区域,被周围高大地形环绕,西风气流在此处的下沉和汇合作用比周围其他区域更明显(赵川鸿 等,2018)。

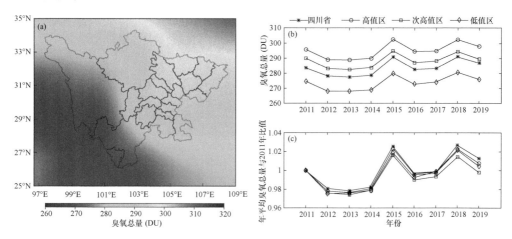

图 1.11　2011—2019 年四川省臭氧总量空间分布图(a),四川省
臭氧总量(b)与 2011 年的比值(c)年际变化趋势

全省臭氧总量累计年均值分布范围为 266.01～298.88 DU,平均值为 283.50 DU,明显高于臭氧空洞标准值(220 DU)。将四川省 21 个市(州)分为臭氧总量高值区、次高值区和低值区,位于高值区的有广元、巴中、达州、南充、广安、遂宁、绵阳、德阳、资阳、成都,位于次高值区的市(州)有内江、眉山、自贡、乐山、宜宾、泸州、阿坝、雅安,位于低值区的典型市州包括甘孜、凉山和攀枝花。

1.5.1.2　年际变化

全省和各区域臭氧总量年均值变化趋势基本一致,2015 年和 2018 年四川省大气臭氧总量较高,年平均值分别为 290.72 DU 和 291.08 DU,最低值出现在 2013年,为 277.39 DU。结合各年平均值与 2011 年的比值看,2015 年、2018 年、2019 年的比值大于 1,其余年份均小于 1(图 1.11b,c)。整体来看,近 9 年四川省大气臭氧总量呈上升趋势,这可能与城市规模扩大、汽车持有量迅速增加等因素有关,也会受臭氧层恢复等因素影响。

1.5.1.3　季节变化

四川省大气臭氧总量季节分布仍然表现为北高南低、东高西低的特征,即在各个季节川西高原和攀西地区上空的臭氧总量总是低于四川盆地(图 1.12)。各区域臭氧总量季节变化趋势基本一致,春季最高,全省平均值为 298.59 DU,变化范围为 34.94 DU;秋季最低,全省平均值为 272.09 DU,变化范围为 28.84 DU;夏季全省变化范围最小,为 26.50 DU;冬季全省最变化范围最大,为 47.75 DU。冬春两季全省臭氧总量及其变化梯度大于夏秋两季,主要是因为冬、春季极向环流强度大于夏、秋季,低纬度地区光化学反应生成的臭氧被大气环流输送到高纬度地区。

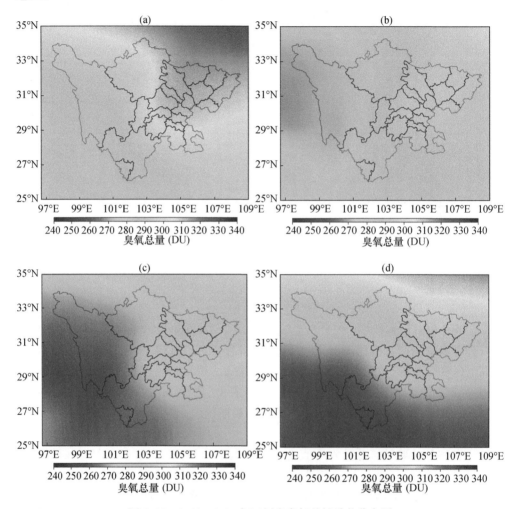

图 1.12 2011—2019 年四川省臭氧总量季节分布图
(a)春季;(b)夏季;(c)秋季;(d)冬季

1.5.1.4 月变化

四川省大气臭氧总量月变化具有明显的正弦曲线变化特征,各区域变化趋势基本一致,表现为 1—4 月呈上升趋势,4—10 月呈下降趋势,10—12 月又逐渐增大(图 1.13)。高值主要集中在 3 月、4 月、5 月,最大值(302.20 DU)出现在 4 月,最低值(269.03 DU)出现在 10 月。臭氧总量的月变化趋势与太阳辐射、大气环流以及平流层臭氧的输入等因素有关。

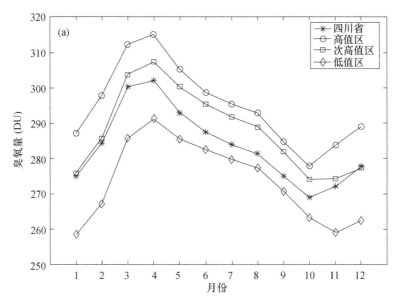

图 1.13 2011—2019 年四川省臭氧总量月变化趋势图

1.5.2 对流层臭氧柱含量

对流层臭氧柱含量数据来源于 Ziemke 等(1998)计算的对流层臭氧柱浓度逐月数据集,以 AURA 卫星上的 OMI 观测反演的臭氧总量及微波临边探测器 MLS 探测的平流层臭氧柱浓度为基础,计算差值得到。产品空间分辨率为 $1° \times 1.25°$,所用时间序列为 2006 年 1 月—2020 年 12 月。

1.5.2.1 空间分布

如图 1.14 所示,四川盆地对流层臭氧柱含量明显高于攀西地区和川西高原,这可能与整层大气臭氧含量的分布特征有关,受平流层臭氧输入影响。此外,臭氧的生成主要受太阳辐射和臭氧前体物影响,一方面,臭氧前体物的排放情况会影响其分布,如 NO_2 受人为活动影响显著,一般高值区都是出现在人口密度较大以及工农业活动水平较高的区域(肖钟湧 等,2011);另一方面,气温的变化能较好地反映太阳辐射强度的变化,太阳辐射的增强导致气温的上升,有利于大气光化学反应的发生,从而导致臭氧浓度增大。四川省气温分布特征表现为东高西低,与对流层臭氧柱含量空间分布特征一致。

1.5.2.2 年际变化

2006—2020 年,四川省对流层臭氧柱含量整体呈缓慢上升趋势(图 1.15),其中川西高原为显著的上升趋势,攀西地区为微弱的上升趋势,四川盆地呈波动变化,两个较大低值出现在 2010 年(37.0 DU)和 2020 年(37.3 DU)。

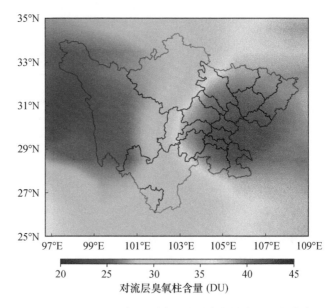

图 1.14   2006—2020 年四川省对流层臭氧柱含量空间分布图

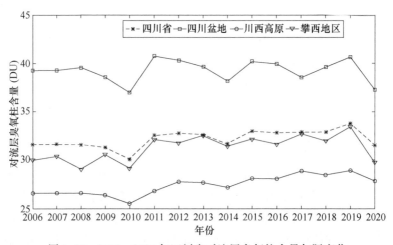

图 1.15   2006—2020 年四川省对流层臭氧柱含量年际变化

　　图 1.16 为 2006—2020 年四川省对流层臭氧柱含量每年季节均值,季节划分:3—5 月为春季,6—8 月为夏季,9—11 月为秋季,12 月、1 月、2 月为冬季。2006—2020 年,四川盆地对流层臭氧柱含量年际变化在春季、夏季和秋季变化幅度较小,冬季呈波动变化,与全年的年际变化趋势基本一致,表明四川盆地全年的年际变化趋势主要受冬季影响;攀西地区的年际变化在夏季和秋季波动较小,春季为上升趋势,冬季与四川盆地变化趋势相同;川西高原在四季的年际变化均呈上升趋势,特别是夏季上升趋势显著。

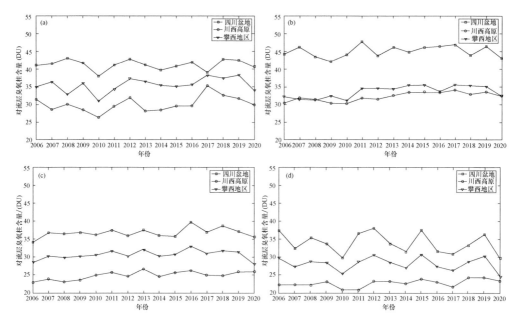

图 1.16　2006—2020 年四川省对流层臭氧柱含量每年季节均值时间序列图

(a)春季;(b)夏季;(c)秋季;(d)冬季

1.5.2.3　季节变化

从 2006—2020 年四川省对流层臭氧柱含量多年季节均值空间分布图(图 1.17)可见,最大值出现在夏季,其次为春季,最小值出现在冬季。分区域看,四川盆地和川西高原的季节变化趋势相同,均为夏季>春季>秋季>冬季,攀西地区略有差异,为春季>夏季>秋季>冬季,这可能是因为低纬度地区的气温和日照强度高值出现时间相对于高纬度地区提前。

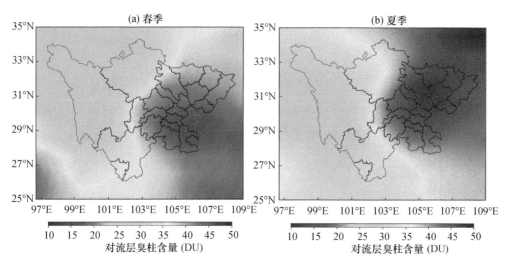

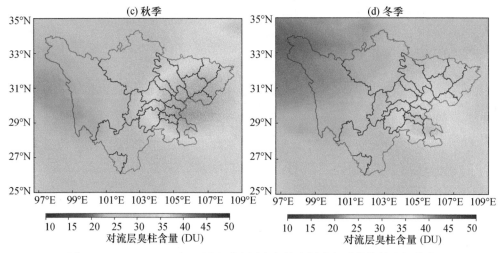

图 1.17 2006—2020 年四川省对流层臭氧柱含量多年季节均值空间分布

1.5.2.4 月变化

对流层臭氧柱含量月均值的极大值一般出现在 5—6 月,其中四川盆地和川西高原出现在 6 月,攀西地区出现在 5 月;对流层臭氧柱含量月均值的极小值一般出现在 1—2 月,其中四川盆地和川西高原出现在 2 月,攀西地区出现在 1 月(图 1.18a)。结合四川盆地代表城市的月变化可见(图 1.18b),对流层臭氧柱含量在纬度分布上有一定的规律,即随着纬度的降低,对流层臭氧柱含量月均值极大值出现的月提前,这可能受气温和日照强度等气象条件的变化趋势影响。

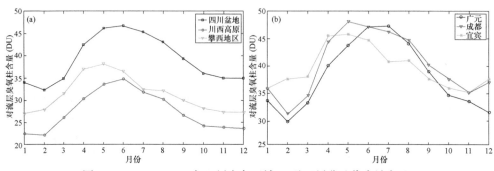

图 1.18 2006—2020 年四川省各区域(a)及四川盆地代表城市(b)
对流层臭氧柱含量月变化趋势图

1.5.3 对流层 NO_2

NO_2 是大气中一种重要的污染物,是臭氧和其他光化学反应的重要前体物之一,也是形成光化学烟雾以及硝酸型酸雨、酸雾的主要污染物。OMI 传感器搭载在美国国家航空航天局(NASA)2004 年 7 月发射的 Aura 卫星上,该卫星为极轨卫星,每天过境一次。

以下利用 2010—2019 年 OMI 传感器反演的对流层 NO_2 柱浓度产品,分析四川省对流层 NO_2 柱浓度空间分布特征及时间变化规律。

1.5.3.1　空间分布

四川省对流层 NO_2 柱浓度大值区主要分布在成都市及其周边城市,成都市多年累计平均值为 8.61×10^{15} molec.·cm^{-2},最大值可达 16.85×10^{15} molec.·cm^{-2}。其次是德阳市,多年累计平均值为 6.52×10^{15} molec.·cm^{-2},最大值为 12.85×10^{15} molec.·cm^{-2}(图 1.19 左)。此外,四川盆地内大部分靠近成都和重庆周边城市的对流层 NO_2 柱浓度明显比川西高原(平均值为 0.81×10^{15} molec.·cm^{-2})和攀西地区(平均值为 1.53×10^{15} molec.·cm^{-2})大。主要是因为对流层 NO_2 柱浓度受人为活动影响显著,一般高值区都是出现在人口密度较大以及工农业活动水平较高的区域,成都市作为四川省的省会城市,是全省人口密度最大、经济最发达的城市。

1.5.3.2　年际变化

四川省对流层 NO_2 柱浓度逐月均值呈现为显著的周期性年际变化,具有明显的季节特征,峰值出现在冬季,谷值出现在夏季(图 1.19 右)。近 10 a 四川省对流层 NO_2 柱浓度长期变化表现为下降趋势,且各区域的长期变化趋势比较一致,10 a 来最大值出现在 2010 年 12 月,为 4.00×10^{15} molec.·cm^{-2},最小值出现在 2019 年 8 月,为 1.50×10^{15} molec.·cm^{-2},2010 年全省和盆地地区的年平均值分别为 2.44×10^{15} molec.·cm^{-2} 和 4.86×10^{15} molec.·cm^{-2},2019 年全省和盆地地区相对于 2010 年分别降低了 15.57% 和 21.40%。利用 F 检验进行相关显著性检验,全省、盆地地区、川西高原、攀西地区均通过了 0.01 的显著水平统计检验,P 的取值均为 $P < 0.001$。

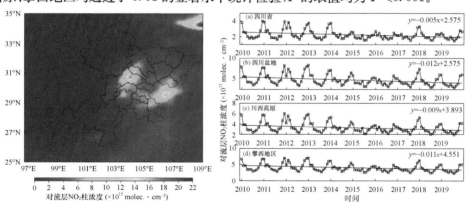

图 1.19　2010—2019 年四川省对流层 NO_2 柱浓度空间分布图
(左)及逐月均值时间序列图(右)

1.5.3.3　季节变化

四川省对流层 NO_2 柱浓度高值区在四季均出现在成都市及其周边,高值区受人为活动影响较大,使得对流层 NO_2 柱浓度具有明显的季节变化特征(图 1.20),表现为冬季>秋季>春季>夏季,冬季平均值最高,全省平均值为 2.53×10^{15} molec.·cm^{-2},成

都市平均值为 12.14×10^{15} molec. $\cdot$ cm^{-2},夏季最低,全省和成都市平均值分别为 1.84×10^{15} molec. $\cdot$ cm^{-2} 和 5.15×10^{15} molec. $\cdot$ cm^{-2},秋季和春季相对接近。这种季节变化特征可能与 NO_x 人为源排放、气象条件、太阳辐射等因素的季节性变化有关。NO_x 人为源具有明显的季节性差异,且主要集中在大中型城市,也是表现为冬季氮氧化物排放最高,夏季最低。此外,降水主要集中在夏季,对 NO_2 具有冲刷和稀释作用,大气中 NO_2 的存在也会受温度高低的影响,夏季的高温和强辐射条件导致大气光化学活动增强,有利于 NO_2 作为臭氧前体物被消耗掉,这些都是造成对流层 NO_2 柱浓度夏季低值的原因。

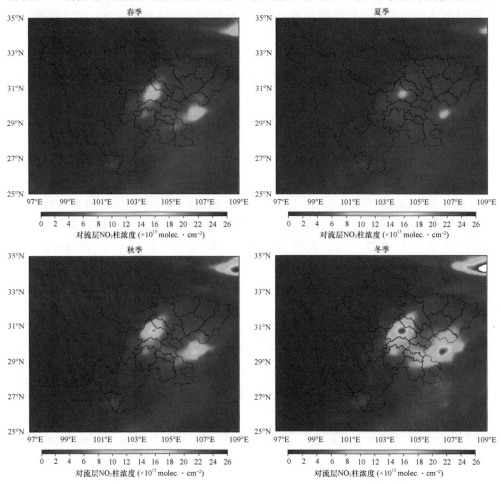

图 1.20 2010—2019 年四川省对流层 NO_2 柱浓度季节分布图

1.5.3.4 月变化

四川省和成都市的对流层 NO_2 柱浓度月变化趋势一致,呈"V"型分布,且成都市的月平均值明显高于全省平均(图 1.21),最高值出现在 12 月,成都市为 13.88×10^{15} molec. $\cdot$ cm^{-2},最低值出现在 8 月,成都市为 4.49×10^{15} molec. $\cdot$ cm^{-2}。

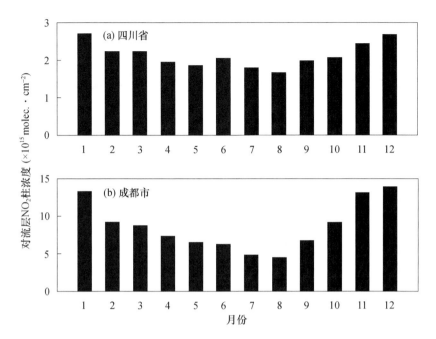

图 1.21   2010—2019 年四川省(a)和成都市(b)对流层 NO₂ 柱浓度月变化趋势图

第2章 气象因子与大气污染关系分析

2.1 霾高发季气象因子与大气污染关系分析

2.1.1 气压对霾污染的影响

在地面低压天气形势下经常会出现静风现象,而且多有低云阻挡垂直扩散,间接造成污染物的不易扩散,质量浓度增大;而强高压天气形势时污染物浓度较小,故污染物浓度受气压条件的影响。

由图2.1可见,成都市气压主要分布在935~970 hPa,空气质量为重度及以上污染时,气压主要分布在950~965 hPa,空气质量为优良时,气压主要分布在940~955 hPa。气压的高低分布形成大气环流,当地面受低压控制时,周围高压气团向中心运动,使低压气团辐合上升产生较大风力,有利于大气中的污染物稀释和扩散;当地面受高压控制时,中心出现下沉气流,气团稳定,不利于污染物稀释和扩散。

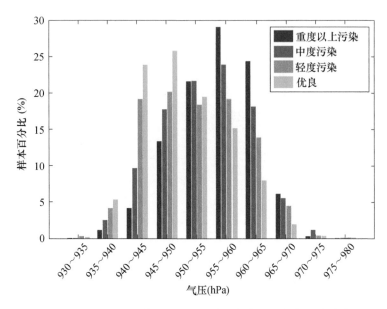

图2.1 不同空气质量等级下分析样本在各气压区间的概率分布图

2.1.2　气温对霾污染的影响

地面气温升高越快,近地面大气对流运动越剧烈,越利于污染物的稀释。地面上空的大气结构会出现气温随高度增加而升高的反常现象,气象学上称之为"逆温"。它阻碍了空气的垂直对流运动,妨碍了烟尘、污染物、水汽凝结物的扩散,稳定的大气层让 $PM_{2.5}$ 较难扩散最终导致污染物浓度的升高,气温上升,大气对流逐渐活跃,逆温开始消除。另外,较高的 $PM_{2.5}$ 浓度又会在一定程度上导致温度的降低,类似于"阳伞效应",大气中包括 $PM_{2.5}$ 在内的一些气溶胶粒子会吸收和反射太阳辐射,减少紫外线通过,使到达地面的太阳辐射大大减弱,从而导致地面温度降低,又进一步加重逆温的情况。

由图 2.2 可见,成都市气温主要分布在 $-5 \sim 35\ ℃$,空气质量为重度及以上污染时,气温主要分布在 $0 \sim 15\ ℃$,随着气温升高,优良天气比例逐渐增加。气温对空气质量的影响与空气的对流活动有关。地表温度升高时太阳辐射增强,热力湍流和对流与动力湍流共同作用下使大气混合层高度增加,有利于大气污染物在垂直方向上的稀释和扩散;地表温度降低时太阳辐射减弱,空气中对流运动相应减弱,近地面空气向外强烈辐射迅速冷却降温形成逆温层,不利于大气污染物在垂直方向上的稀释和扩散。但并不是说温度越高,空气质量越好,温度上升到一定程度或者在持续高温条件下,大气中的 O_3 浓度会因光解而升高,大气中的活跃光化学成分会反应生成更多的二次性气溶胶(主要是 $PM_{2.5}$),反而加重空气污染。

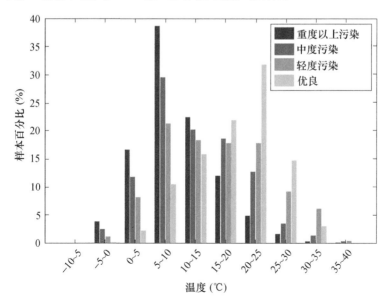

图 2.2　不同空气质量等级下分析样本在各温度区间的概率分布图

2.1.3 相对湿度对霾污染的影响

当相对湿度较大时,大气中会出现较多的水汽,颗粒物随即会附着在水汽上,接着长期在空气中停留,导致污染物的浓度越来越高。

由图2.3可见,成都市相对湿度较大,99.6%的样本分布在相对湿度30%以上,约62%的样本分布在相对湿度80%~100%;空气质量为重度及以上污染时,约53%的样本分布在相对湿度90%~100%,空气质量为优良时,约41%的样本分布在相对湿度90%~100%。较高的相对湿度容易引起气溶胶颗粒物出现吸湿增长现象,从而影响大气颗粒物群的物理化学特征,不利于低层大气颗粒物的清除。总的来说,受特殊地形和气候条件影响,成都市相对湿度常年较大。

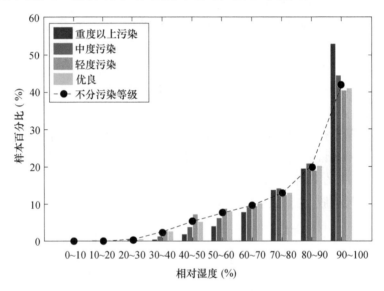

图2.3 不同空气质量等级下分析样本在各相对湿度区间的概率分布

2.1.4 风速对霾污染的影响

风速的大小反映大气、水平运动的程度,它直接决定大气稀释扩散能力的大小。风速小,不利于污染物向远方扩散,污染物容易累积;风速大,有利于污染物的稀释、扩散和清除。

由图2.4可见,成都市空气质量为重度以上污染时,分析样本集中分布在地面风速0~2 m·s^{-1},随着地面风速增大,优良天气比例增加。整体来看,成都市地面风速较小,约85%的样本分布在地面风速0~2 m·s^{-1},地面风速对大气污染物的水平输送、扩散、稀释不利,与其他学者的研究结果一致(孙冉 等,2015;张娟 等,2016)。

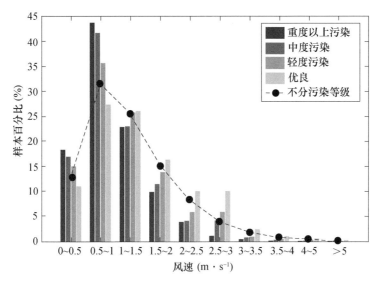

图 2.4　不同空气质量等级下分析样本在各风速区间的概率分布

2.1.5　风向对霾污染的影响

　　风向也是影响污染物积累消散的一个重要指标。由图 2.5 可知,随着空气质量等级增高,北风比例增加,南风比例减小。由于地面 10 m 风向受地形、植被、建筑等影响,其值对污染物分布的影响变化不够敏感。近地面上层风速较大时其扩散能力也较强,会对贴地层有拖拽影响,因此可以考虑以近地层(925 hPa)风作为分析因子。

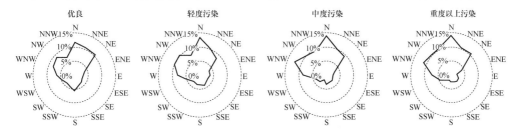

图 2.5　不同空气质量等级下分析样本在各风向区间的概率分布

　　当风来自清洁的区域时,将稀释本地污染物,污染物浓度下降;当风来自污染严重地区时,本地污染物浓度升高。风向对本地污染有显著的影响。成都位于盆地西部,宜宾位于盆地南部,达州位于盆地北部。从风向看,秋冬两季成都吹偏东风,宜宾吹偏北风,达州吹偏南风,即风从盆地内部向外吹,会造成当地 $PM_{2.5}$ 的浓度升高,说明盆地是该区域污染较重的区域,盆地内空气流入对当地污染物浓度有明显的增长作用,体现了外来污染物输入对 $PM_{2.5}$ 浓度的影响(图 2.6)。

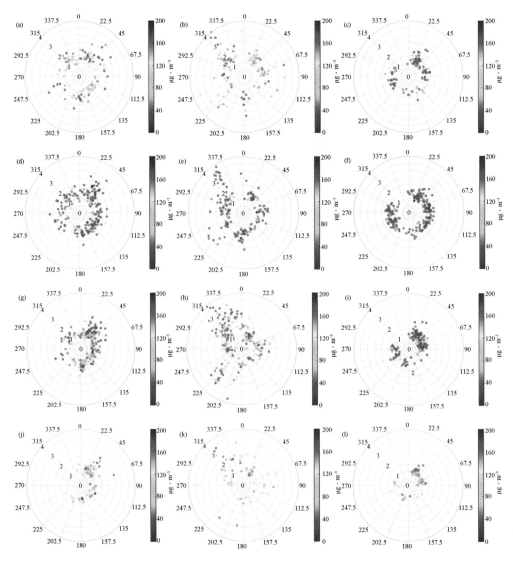

图 2.6　成都、宜宾、达州 3 站春(a~c)、夏(d~f)、秋(g~i)、冬(j~l)风速、
风向与 PM$_{2.5}$日均浓度关系

2.1.6　降水对霾污染的影响

降水是降低空气中污染物浓度的重要途径,降水对大气污染物(包括颗粒物和气体)的清除过程是雨水中离子组分的重要来源。因此,降水影响颗粒物和气态污染物在空气中的浓度,反过来大气颗粒物和气态污染物也影响雨水中离子的组成。

为了定量计算清除量,提取一次降水过程作为一次清除过程进行分析,以第一次出现 0.1 mm 以上降水作为降水过程的开始时间,最后一次出现 0.1 mm 以上降水作为降水过程的结束时间,若中间出现间断,中断时间不足 5 h,则作为一次降水过程进行处理。选取过程开始时间前 3 h 的 PM$_{2.5}$ 的平均质量浓度(CON1)和过程结束时间后 3 h 的 PM$_{2.5}$ 的平均质量浓度(CON2)作为一次过程清除前 PM$_{2.5}$ 质量浓度(即 PM$_{2.5}$ 初始浓度)和清除后 PM$_{2.5}$ 质量浓度。降水对 PM$_{2.5}$ 的清除量(RC)(式(2.1))和清除率(RF)(式(2.2))定义为:

$$RC = CON1 - CON2 \tag{2.1}$$
$$RF = CON1 - CON2/CON1 \times 100\% \tag{2.2}$$

将 RF>0 的清除过程定义为正清除过程,对多次过程的正清除百分率则定义为正清除过程数与过程总数之比。

降水产生过程,伴随雨水下落,空气中颗粒物会被捕获,从而被清除。为分析降水对 PM$_{2.5}$ 的清除效应,对污染物清除量与 PM$_{2.5}$ 初始浓度的关系,污染物清除量与降水持续时间的关系,污染物清除量与累计降水量之间的关系进行了研究。

由图 2.7～图 2.9 可见,降水对 PM$_{2.5}$ 的清除量随 PM$_{2.5}$ 初始浓度、降水持续时间和累积降水量的增加而增大,呈线性正相关关系,相关系数分别为 0.49、0.23、0.11,利用 F 检验进行显著性检验,取置信度 99%,$P<0.0001$,均通过了 0.01 的显著水平统计检验。

其中,降水对 PM$_{2.5}$ 的清除量与 PM$_{2.5}$ 初始浓度的线性关系最显著,清除前 PM$_{2.5}$ 初始浓度较低时(小于 25 $\mu g \cdot m^{-3}$),存在较多清除量小于零的过程,随着 PM$_{2.5}$ 初始浓度增大,清除量小于零的过程逐渐减少。

2.1.6.1　污染物清除与降水持续时间的关系

将 2016—2017 年 227 次降水过程按照降水时间分级,发现降水对 PM$_{2.5}$ 的清除作用与降水时间的长短也有一定关系,降水时间越长,清除效率越高,正清除百分率也越大。

由表 2.1 可知,当降水持续时间为 1 h 时,降水对 PM$_{2.5}$ 的清除效果不明显,正负清除出现的次数相当,PM$_{2.5}$ 的平均清除量为 2.48 $\mu g \cdot m^{-3}$,平均清除率为 3.1%,正清除百分率为 57.2%;当降水持续时间为 2～5 h 时,对 PM$_{2.5}$ 的清除量为 3.76 $\mu g \cdot m^{-3}$,清除率为 0.5%,正清除百分率达到 59.5%;当降水持续时间在 5～10 h 以内时,降水持续时间的增加使得 PM$_{2.5}$ 的清除量和清除率都有明显的增加,对 PM$_{2.5}$ 的清除量提高到了 11.39 $\mu g \cdot m^{-3}$,清除率提高到 5.7%,正清除百分率提高到了 70.7%;当降水持续时间在 10～15 h 时,降水持续时间的增加对 PM$_{2.5}$ 浓度仍有较大影响;当降水持续时间大于 15 h 时,由于个例数量较少,不再分级,但由图 2.7 可见,此时清除过程基本都是正清除过程,清除量和清除率也较大。

表 2.1　降水持续时间与清除量、清除率和正清除百分率的关系

降水持续时间(h)	1	2～5	5～10	10～15	＞15
个例数(个)	48	111	41	17	10
清除量($\mu g \cdot m^{-3}$)	2.48	3.76	11.39	14.27	14.10
清除率(%)	3.1	0.5	5.7	12.1	22.4
正清除百分率(%)	57.2	59.5	70.7	72.3	70.0

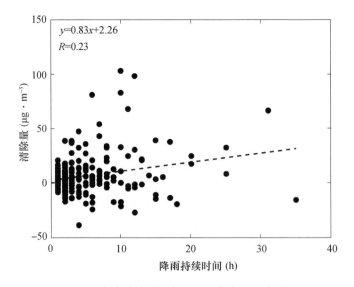

图 2.7　降水持续时间与 $PM_{2.5}$ 清除量的关系图

2.1.6.2　污染物清除与累计降水量的关系

将 2016—2017 年 227 次降水过程按照降水总量分级,发现降水对气溶胶颗粒物的清除效果和累计降水量有很好的对应关系,清除效果随累计降水量增加而增加。

由表 2.2 和图 2.8 可见,当降水总量在 1.0 mm 以下时,降水对 $PM_{2.5}$ 没有清除作用,$PM_{2.5}$ 平均清除量在零上下,清除率为负,正清除百分率不足 50%;当累计降水量在 1.0～9.9 mm 之间,降水对 $PM_{2.5}$ 清除效果显著提升,平均清除量有 5.38 $\mu g \cdot m^{-3}$,清除率有 2.0%,正清除百分率达到 61%;10 mm 以上的降水对 $PM_{2.5}$ 有良好的清除效果,且清除量、清除率和正清除百分率均随着累计降水量的增加而增加;当累计降水量达到 25.0～49.9 mm 时,$PM_{2.5}$ 的清除率和正清除百分率在 17.4% 和 69% 附近,平均清除量达到 11.74 $\mu g \cdot m^{-3}$;当累计降水量超过 50.0 mm 时,$PM_{2.5}$ 清除量虽然不及 10.0～49.9 mm 清除量,但仍处在较高值附近。从降水开始前的颗粒物浓度显示,累计降水量为 0～49.9 mm 在降水开始前 $PM_{2.5}$ 平均质量浓度均在 36.45 $\mu g \cdot m^{-3}$ 以上,只有累计降水量超过 50.0 mm 的 4 次过程,降水开始前 $PM_{2.5}$ 平均质量浓度偏低为 31.42 $\mu g \cdot m^{-3}$,可以认为这一组数据降水量较上一组有所降低主要是受到了降水开始前颗粒物浓度较低的

影响。

表 2.2　累计降水量与清除量、清除率和正清除百分率的关系

累计降水量(mm)	0~0.9	1.0~9.9	10.0~24.9	25.0~49.9	>50.0
个例数(个)	27	154	29	13	4
清除量($\mu g \cdot m^{-3}$)	0.30	5.38	11.25	11.74	9.08
清除率(%)	−1.8	2.0	7.7	17.4	40.5
正清除百分率(%)	47.2	61.0	65.5	69.0	70.0

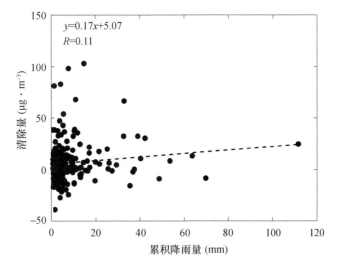

图 2.8　累计降水量与 $PM_{2.5}$ 清除量的关系图

2.1.6.3　污染物清除与 $PM_{2.5}$ 初始浓度的关系

分析 2016—2017 年 227 次降水过程开始前 $PM_{2.5}$ 初始浓度和清除量的关系发现,降水对 $PM_{2.5}$ 的清除效果不仅和降水持续时间、累计降水量有关,还和 $PM_{2.5}$ 初始浓度有关。如果过程开始前 $PM_{2.5}$ 浓度较低的时候,降水的清除效果不佳,平均清除量甚至出现负清除;相反,若过程开始前污染物浓度较高时,降水对 $PM_{2.5}$ 有明显的清除作用(图 2.9)。

从表 2.3 可见,降水过程开始前 $PM_{2.5}$ 浓度不到 25.0 $\mu g \cdot m^{-3}$ 时,降水对污染物以负清除为主,平均清除量为 −3.28 $\mu g \cdot m^{-3}$;降水开始前的 $PM_{2.5}$ 浓度在 25.0~50.0 $\mu g \cdot m^{-3}$ 时,降水对其有正清除作用,平均清除量为 4.48 $\mu g \cdot m^{-3}$,清除率和正清除百分率分别达到 11.9% 和 64.0%;降水开始前 $PM_{2.5}$ 浓度在 50.0 $\mu g \cdot m^{-3}$ 以上时,平均清除量为 16.03 $\mu g \cdot m^{-3}$,清除率和正清除百分率分别达到 17.3% 和 78.5%,清除量和正清除百分率随降水开始前的 $PM_{2.5}$ 浓度增大而增大。

表 2.3　PM$_{2.5}$初始浓度与清除量、清除率和正清除百分率的关系

PM$_{2.5}$初始浓度($\mu g \cdot m^{-3}$)	0～24.9	25.0～49.9	50.0～99.9	100.0～149.9
个例数(个)	62	86	60	19
清除量($\mu g \cdot m^{-3}$)	−3.28	4.48	16.03	27.46
清除率(%)	−26.5	11.9	17.3	23.6
正清除百分率(%)	37.1	64.0	78.5	78.9

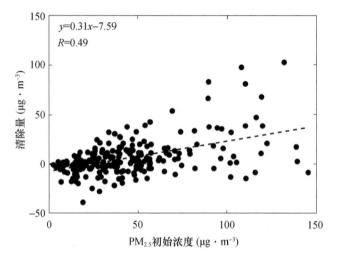

图 2.9　PM$_{2.5}$初始浓度与清除量的关系图

2.1.7　混合层高度对霾污染的影响

边界层空气明显受地面摩擦或热力作用影响,因而在某个高度的稳定层下会出现显著的垂直混合而形成混合层,其高度即大气混合层高度。混合层高度作为一个参量来描述大气边界层的物理结构特征,表征的是污染物在垂直方向上被湍流稀释的程度;Schafer 等(2006)认为,大气混合层高度可以解释 50% 以上的近地污染物浓度变化,冬季尤为明显。

四川省共有 7 个探空站,分别位于甘孜、红原、温江、巴塘、宜宾、西昌和达县,其中甘孜、红原、巴塘、西昌 4 个站位于川西高原、攀西地区,当地空气质量较好;温江、宜宾、达县 3 个站地处盆地,盆地风速小,空气扩散条件较差,空气污染严重,所以重点针对盆地地区进行分析。

2.1.7.1　概率分布

图 2.10 按间隔 0.1 km 统计四川盆地三站混合层高度的概率分布,总体上三站混合层高度处于 0.2～2.3 km 之间,其中 0.2～0.5 km 区间内的频次最高,成都、宜宾、达州分别占到约 29.3%、35.3%、40.8%,当混合层高度超过 0.5 km,随着混合

层高度的增加,出现的频次逐渐减少,这说明四川盆地混合层高度整体偏低,较低的混合层高度是造成近地面污染物蓄积,进而导致持续空气污染事件发生的重要原因之一(李梦 等,2015)。

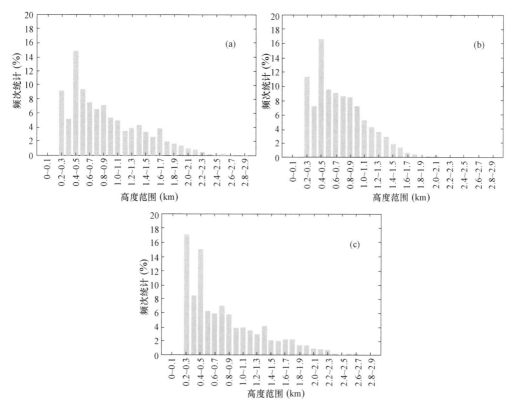

图 2.10　成都(a)、宜宾(b)、达州(c)混合层高度概率分布

2.1.7.2　混合层高度的变化特征及其成因

(1)混合层高度季节变化特征

成都、宜宾、达州混合层高度在季节分布上,呈现出单峰格局(图 2.11),如表 2.4 所示,成都混合层高度春季(3—5 月)最大,平均为 894 m,其次为冬季和夏季,秋季最小平均 704 m;宜宾混合层高度春季(3—5 月)最大,平均为 797 m,其次为夏季和冬季,秋季最小平均 558 m;同期达州混合层高度夏季(6—8 月)最大,平均为 994 m,其次为春季和秋季,冬季最小平均 557 m。从平均看,四川盆地混合层高度总体表现为冬半年低、夏半年高的变化趋势,这是由于盆地为内陆城市,是典型的大陆性气候,混合层高度的季节变化与湍流运动的季节变化基本相似,春季和夏季太阳辐射强,大气能见度好,导致湍流运动强,混合层高度升高;秋季恰逢盆地的华西秋雨时期,多连阴雨,云底高度低,天空云量较多,到达地面的太阳辐射明显减少,边界层内热力湍流减弱,因此混合层高度降低。

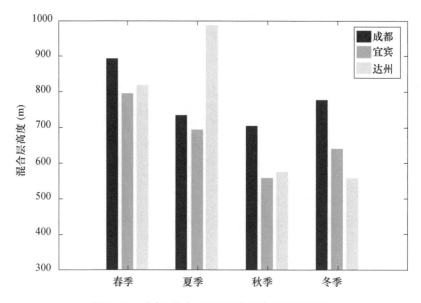

图 2.11　成都、宜宾、达州混合层高度季节变化

表 2.4　成都、宜宾、达州混合层高度季节变化特征

城市	最低季节	最低值(m)	最高季节	最高值(m)	次峰季节
成都	秋	704	春	894	冬
宜宾	秋	558	春	797	夏
达州	冬	557	夏	994	春

（2）混合层高度月变化特征

成都、宜宾、达州3市各月平均混合层高度变化特征均为双峰型曲线型（图2.12），如表2.5所示：成都12月为全年最低（652 m），5月最高（952 m），4月为次峰值（917 m）；宜宾10月为全年最低（503 m），4月最高（844 m），3月为次峰值（777 m）；达州12月为全年最低（480 m），8月最高（1196 m），7月为次峰值（972 m）。盆地5—8月太阳辐射增强，对流旺盛，湍流能够充分发展，故混合层高度值高；11月到次年2月太阳辐射减弱，对流不易发展，混合层高度达到全年的谷值，此时也是四川盆地地区重污染天气最为频发的季节；6—7月是四川盆地降水频发的季节，多为低压辐合的天气系统所控制，天空中云量多，从而抑制了太阳辐射的接收，致使热力湍流活动减弱，同时频繁的强对流天气过程使得大气中能量的迅速释放，引起大气混合层高度的降低。

（3）成都混合层高度季节变化原因分析

为了解释成都混合层高度出现春季最高，夏冬两季差异不大，秋季最低这种现象的根本原因，我们分析了成都温江地区地面铁塔的观测资料来加以解释（由于达州和宜宾没有相应的铁塔观测数据，仅对成都的结果进行分析）。通过分析资料发现,最主要的原因来自于近地层感热通量以及水汽条件的变化,而感热通量发生季节变化的主要原因来自于到达地面的短波辐射以及大气水汽条件的季节变化。由图 2.13 可见,尽管春季跟秋季大气顶的太阳辐射相差不大,但是秋季更加潮湿,恰逢盆地的华西秋雨时期,云层较厚(地面净辐射以及相对湿度的日变化结果可以间接证明这一点),到达地面的短波辐射小得多,净辐射也小得多。由于秋季相对于冬季比较潮湿,净辐射中更大部分能量转化成潜热通量而不是感热通量。所以尽管冬季净辐射比夏季秋季小得多,感热通量在冬季甚至略大于秋季,干燥的冬季潜热通量远远小于其他季节。潮湿的大气导致抬升凝结高度也会降低,云底高度降低实际上也限制了混合层的增高。由于通常混合层内比湿随高度一般维持不变或略减小,而温度随高度沿干绝热线递减,假设比湿随高度不变的情况下,相对湿度在混合层内随高度基本呈线性增加的趋势,混合层顶平均相对湿度接近饱和时,有明显的云层出现。混合层顶相对湿度与近地层相对湿度之间的关系可以用(式(2.3))近似表达(Zhu et al.,2002)。

表 2.5　成都、宜宾、达州混合层高度月变化特征

城市	最低月	最低值(m)	最高月	最高值(m)	次峰月	次峰值(m)
成都	12	652	5	952	4	917
宜宾	10	503	4	844	3	777
达州	12	480	8	1196	7	972

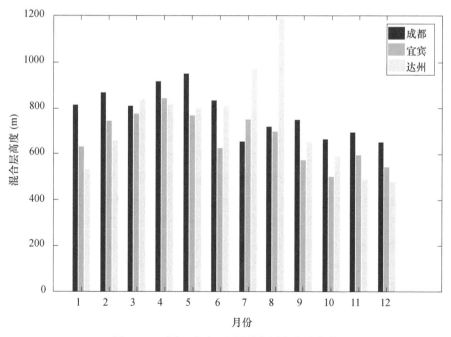

图 2.12　成都、宜宾、达州混合层高度月变化

$$\mathrm{RH}_h \approx \mathrm{RH}_0 \left(1 + \frac{L\gamma_d h}{R_v T_0^2}\right) \tag{2.3}$$

其中,干绝热递减率 $-\gamma_d \approx 9.8\ \mathrm{K \cdot km^{-1}}$;$L \approx 2.5 \times 10^6\ \mathrm{J \cdot kg^{-1}}$ 为汽化潜热常数;$R_v \approx 287.06\ \mathrm{J \cdot kg^{-1} \cdot K^{-1}}$ 为比气体常数;T_0 为近地层温度;RH_0 为近地层相对湿度;RH_h 为混合层顶相对湿度;h 为混合层高度。

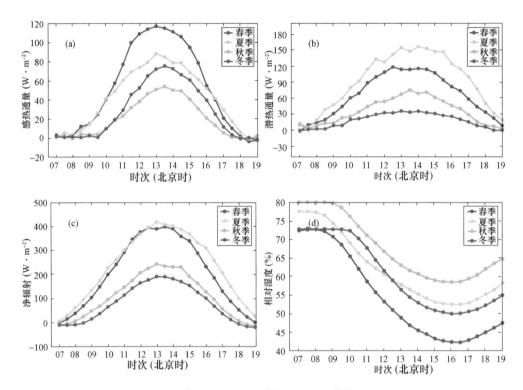

图 2.13　成都站 07—19 时感热通量(a)、潜热通量(b)、
净辐射(c)和相对湿度(d)的日变化

　　图 2.14a 和图 2.14b 给出了 $T_0 = 280\ \mathrm{K}$ 和 $T_0 = 300\ \mathrm{K}$(分别代表了成都地区冬季和夏季大致的温度)时由式(2.3)估算得到的对流边界层内相对湿度随高度的变化的趋势。虽然夏季比冬季温度高约 20 K,减少了相对湿度随高度增加的速度,但是冬季中午到下午时段近地层相对湿度比夏季平均低 5% 左右(图 2.13d),这使得图 2.14 中相对湿度达到 95% 所对应的高度差异不大(都为 0.7 km 左右),而春季相对湿度最低(45% 左右),相对湿度达到 95% 所对应的高度约为 0.9~1.0 km。以上原因导致了成都地区最终出现春季混合层高度明显高于其他季节,而冬季混合层高度并不明显低于夏季和秋季的现象。

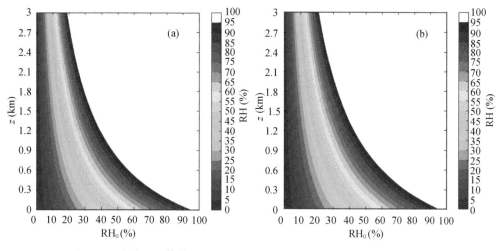

图 2.14　由式 2.3 估算的近地层温度 $T_0 = 280$ K(a)和 $T_0 = 300$ K(b)时
对流边界层内相对湿度 RH 对高度 z 的变化

2.2　臭氧污染高发季气象因子与大气污染关系分析

2.2.1　气温对臭氧污染的影响

从成都市 2019 年夏季臭氧质量浓度小时平均值和气象要素资料统计臭氧质量浓度和气温的相关性(图 2.15)可以看到,随着气温升高,臭氧质量浓度逐渐增大,臭氧质量浓度与气温呈显著正相关性,5 个监测站的 Pearson 相关系数分别为 0.73、0.77、0.73、0.69、0.71。取置信度 99%,利用 F 检验进行相关显著性检验,$P < 0.0001$,均通过了 0.01 的显著水平统计检验。气温的变化能较好地反映太阳辐射强度的变化,气温升高时太阳辐射增强,有利于大气光化学反应,从而导致臭氧浓度增大。

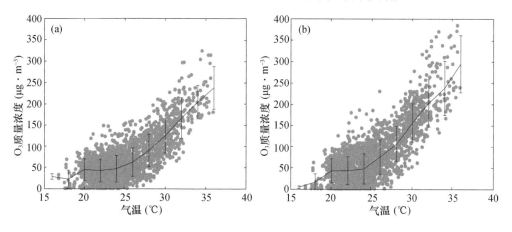

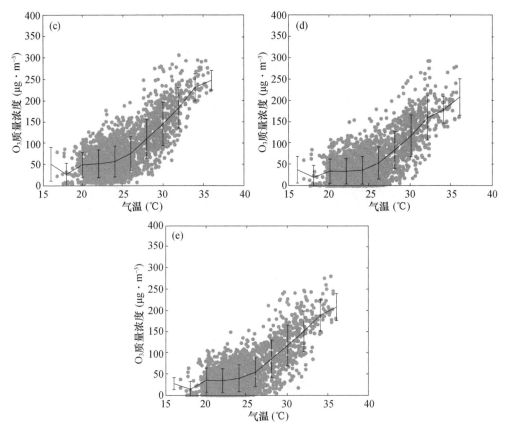

图 2.15　成都市夏季不同温度区间臭氧质量浓度散点图

(a)君平街;(b)金泉两河;(c)十里店;(d)三瓦窑;(e)沙河铺

2.2.2　日最高气温对臭氧污染的影响

图 2.16 为成都市夏季各监测站臭氧质量浓度小时平均值与日最高气温散点分布图,整体来看,臭氧质量浓度随日最高气温的升高而增大,臭氧质量浓度与日最高气温呈显著正相关性,5 个监测站的 Pearson 相关系数分别为 0.76、0.79、0.73、0.68、0.70,$P<0.0001$,均通过了 0.01 的显著水平统计检验。日最高气温高意味着太阳辐射强度大,有利于大气光化学反应转化生成臭氧。

2.2.3　相对湿度对臭氧污染的影响

图 2.17 为成都市夏季不同相对湿度区间臭氧质量浓度小时平均值散点分布图,由图可知,臭氧质量浓度随相对湿度增大而逐渐减小,臭氧质量浓度与相对湿度呈显著负相关性,5 个监测站的 Pearson 相关系数分别为 −0.79、−0.81、−0.78、

－0.77、－0.78。利用 F 检验进行相关显著性检验，$P<0.0001$，均通过了 0.01 的显著水平统计检验。高相对湿度是形成湿清除的重要指标，影响臭氧前体物浓度，不利于臭氧浓度的积累，且降水发生时，一般云层较多，会吸收太阳辐射，不利于光化学反应。此外，有研究表明，当相对湿度大于 90％时，臭氧分解速率会明显加快(徐锟 等,2018)。

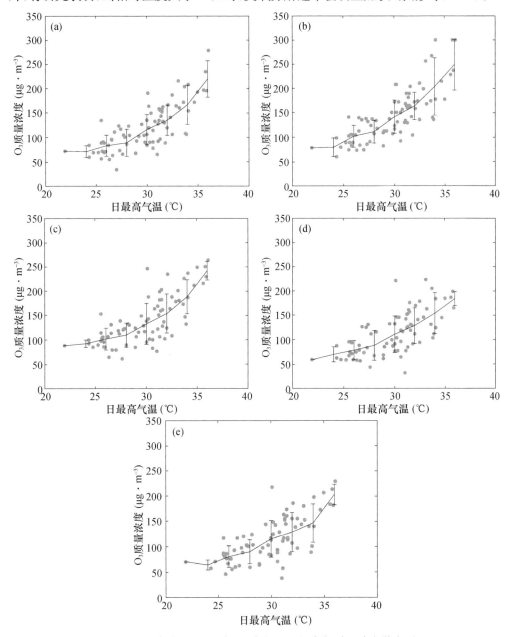

图 2.16　成都市夏季不同日最高气温区间臭氧质量浓度散点图
(a)君平街;(b)金泉两河;(c)十里店;(d)三瓦窑;(e)沙河铺

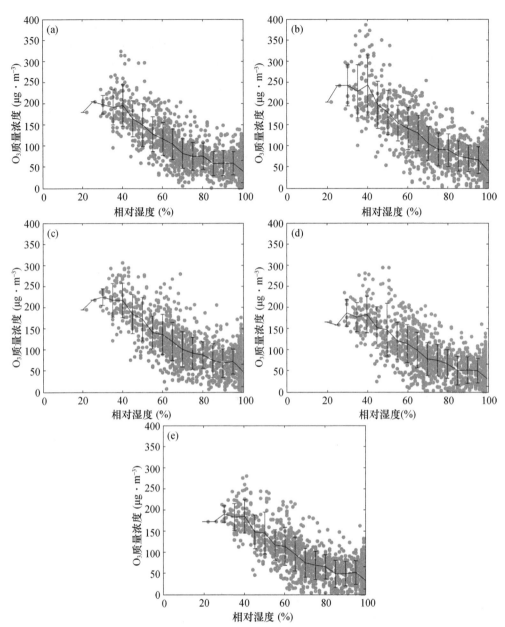

图 2.17　成都市夏季不同相对湿度区间臭氧质量浓度散点图
(a)君平街；(b)金泉两河；(c)十里店；(d)三瓦窑；(e)沙河铺

2.2.4　日照时数对臭氧污染的影响

图 2.18 为成都市夏季各监测站臭氧质量浓度小时平均值与日照时数散点分布图,整体来看,臭氧质量浓度随日照时数的增加而缓慢增大,臭氧质量浓度与日照时

数呈显著正相关性,5 个监测站的 Pearson 相关系数分别为 0.74、0.78、0.73、0.69、0.73,$P<0.0001$,均通过了 0.01 的显著水平统计检验。日照时间长也意味着太阳辐射强,能加快大气光化学反应,有利于臭氧的产生。

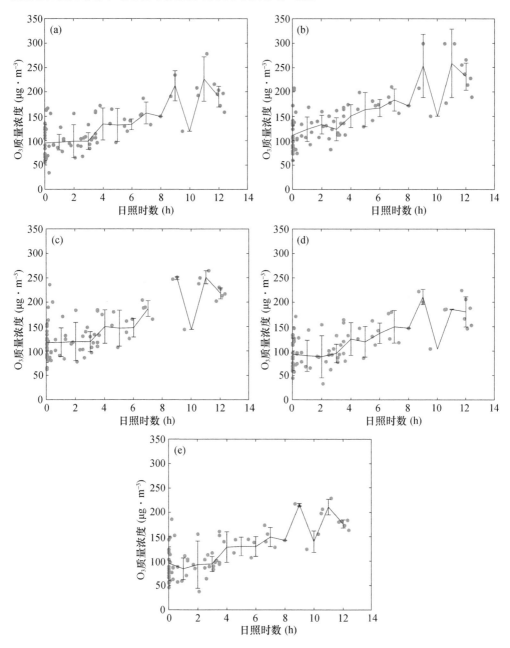

图 2.18　成都市夏季不同日照时数区间臭氧质量浓度散点图
(a)君平街;(b)金泉两河;(c)十里店;(d)三瓦窑;(e)沙河铺

2.2.5 风对臭氧污染的影响

风场是影响污染物随大气扩散分布的重要因子,影响了污染物的干清除过程,其大小直接影响大气水平扩散的能力,从而影响污染物的稀释扩散能力,风向决定了污染物输送的来向。图 2.19 为成都市各监测站夏季不同风速风向下对应臭氧质量浓度均值分布,由图可知,当风速较小时(小于 $1.0\ m\cdot s^{-1}$),各监测站臭氧质量浓度较低,随着风速增大,臭氧质量浓度逐渐增大,当风速大于 $1.5\ m\cdot s^{-1}$ 之后,臭氧质量浓度随风速增加逐渐降低。风速对臭氧质量浓度的影响主要有两方面,一是风速增加可以抬高大气边界层高度,垂直运动加强,有利于对流层顶臭氧向近地层传输,二是大风速增强了大气的水平扩散作用,有利于臭氧的稀释扩散。风速较低时,臭氧垂直向下的输送能力大于水平扩散作用,从而导致臭氧质量浓度随风速增加而增大,当风速达到一定值时,水平扩散作用占主导地位,臭氧质量浓度将逐渐降低。在偏北气流影响下臭氧质量浓度较低,当风向为西风和南风时,各监测站臭氧质量浓度较高,主要是因为成都市南边为川南城市群,盛行偏南气流时,臭氧及前体物容易被输送到成都市,而成都市北边山脉较多,污染较小且易受阻挡,盛行偏北气流时,臭氧及前体物不容易被输送到成都市。成都市区主导风向为北风,风向频率为 20.79%,西北风频率也较高,为 19.31%,这两个风向的频率占 40%。次风向是西风,频率为 16.53%。在主导风向上,臭氧质量浓度不高。

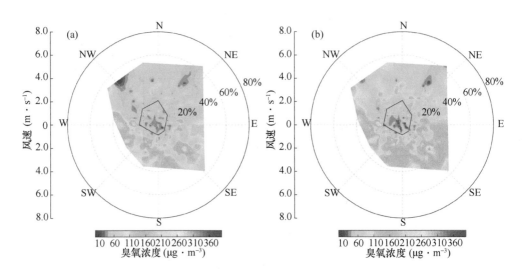

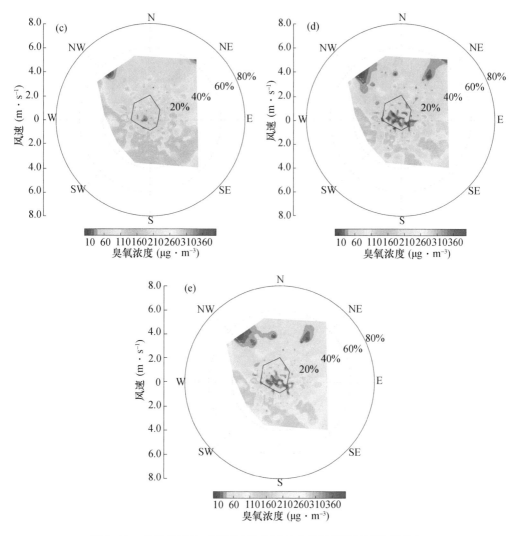

图 2.19　成都市夏季不同风速风向下对应臭氧质量浓度均值分布
(a)君平街;(b)金泉两河;(c)十里店;(d)三瓦窑;(e)沙河铺

2.2.6　混合层高度对臭氧污染的影响

图 2.20 为成都市夏季各监测站臭氧质量浓度小时平均值与日最大混合层高度散点分布图,整体来看,臭氧质量浓度随日最大混合层高度的增加而缓慢增大,臭氧质量浓度与日最大混合层高度呈正相关性,5 个监测站的 Pearson 相关系数分别为 0.51、0.53、0.47、0.47、0.48,P<0.0001,均通过了 0.01 的显著水平统计检验。

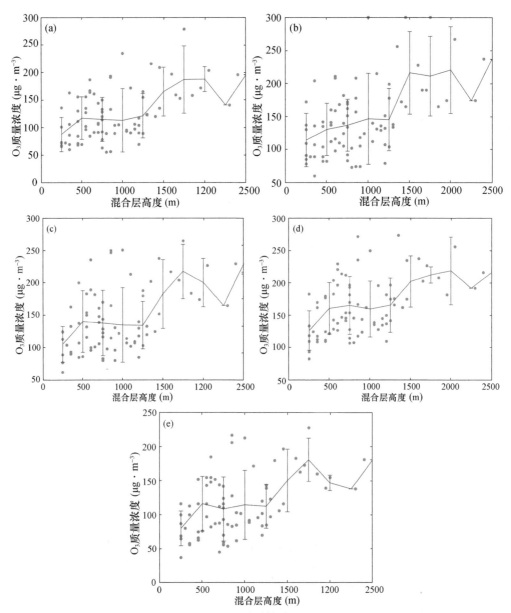

图 2.20 成都市夏季不同日最大混合层高度区间臭氧质量浓度散点图
(a)君平街；(b)金泉两河；(c)十里店；(d)三瓦窑；(e)沙河铺

2.2.7 太阳总辐射对臭氧污染的影响

近地面臭氧是光化学反应的产物，在生成过程中除了受前体物氮氧化物（NO_x）和挥发性有机物（VOC_s）浓度的影响外，另一个影响因素就是太阳辐射强度，它为光化学反应提供反应所需的能量。如图 2.21 所示，2015—2020 年月太阳总辐射与月均地面臭氧浓度有较好的正相关性,相关系数为 0.94,说明太阳总辐射对月均地面臭氧浓度的变化有直接的影响。太阳总辐射较强时,近地面 NO_x 和 VOC_s 吸收来自太阳的辐射能量发生光化学反应,产生以臭氧为主的二次污染物。臭氧的产生量大于消耗量,大气中一直聚集臭氧,随着时间的推移,导致近地面臭氧含量越来越高。月均地面臭氧浓度与太阳总辐射一样呈周期性变化,每年 4—8 月太阳总辐射较高,臭氧浓度也较高;11 月至次年 2 月太阳总辐射较低,臭氧浓度也较低。

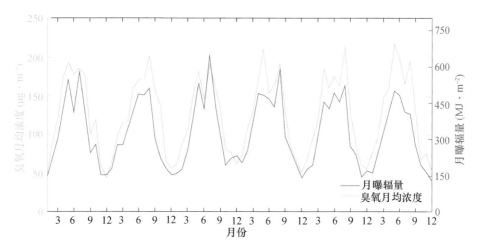

图 2.21　2015—2020 年逐月成都太阳总辐射与臭氧浓度变化曲线

利用 2015—2020 年逐日太阳总辐射和地面臭氧日最大 8 小时平均浓度绘制密度图(图 2.22a),可以直观地看到其分布特征,太阳总辐射日曝辐量 64.3% 集中在 12.6 MJ·m^{-2} 以下;臭氧日最大 8 小时平均浓度 79.4% 集中在 160 $\mu g·m^{-3}$ 以下。臭氧 AQI 等级为 3 级(轻度污染)及以上时,逐日太阳总辐射和地面臭氧日最大 8 小时平均浓度分布情况如图 2.22b 所示,太阳总辐射日曝辐量 59.88% 集中在 17.74~25.20 MJ·m^{-2} 之间,且密度分布与图 2.22a 完全不同,随着太阳总辐射强度的增加该区域中的臭氧浓度高密度区并未显著向高浓度方向偏移。

为了了解臭氧各 AQI 等级与太阳总辐射之间的关系,利用地面臭氧不同 AQI 等级绘制太阳总辐射琴型图(图 2.23),可以看出 AQI 等级为 1 级,日曝辐量主要集中在 5 MJ·m^{-2} 左右,随着太阳总辐射强度的增强,臭氧 AQI 等级也逐步升高。臭氧 AQI 等级较低时,太阳总辐射的增强对于臭氧 AQI 等级的升高具有明显的促进作用;但当臭氧 AQI 等级达到 4 级及以上,日曝辐量大部分维持在 25 MJ·m^{-2} 左右,臭氧 AQI 等级的变化与太阳总辐射无明显关系。由此可见,太阳总辐射是臭氧产生的控制因素,但当太阳总辐射强度达到臭氧产生条件后,臭氧浓度的上升便不再与太阳总辐射呈正相关。

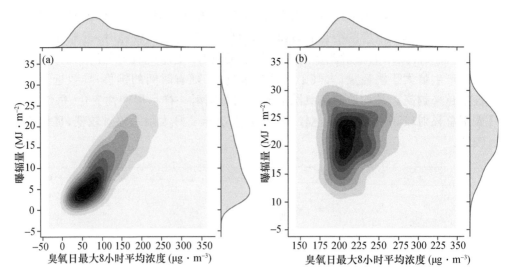

图 2.22　太阳总辐射和地面臭氧浓度密度估计图

(a)2015—2020 年逐日太阳总辐射和地面臭氧日最大 8 小时平均浓度密度；

(b)浓度大于 160 $\mu g \cdot m^{-3}$ 的臭氧日最大 8 小时平均浓度与日太阳总辐射密度

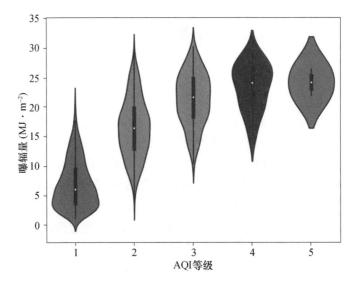

图 2.23　AQI 等级与太阳总辐射密度图

第3章 气象条件评估

3.1 气象条件评估技术

气象条件作为影响空气污染稀释、扩散的主要因素,对于空气质量的好与坏起着非常重要的作用。开展大气环境气象条件分析评估服务工作不仅仅为政府提供决策服务,而且能让社会大众了解影响空气污染的气象条件,避免主观幸福感的下降(汪震 等,2019)。

3.1.1 气象条件评估数据源

3.1.1.1 地面观测数据

根据评估时段要求的不同,挑选与大气污染扩散相关的气象条件进行评估。一般选取地面站实时观测数据:风向、风速、气温、最高气温、相对湿度、降水、辐射。根据《地面气象观测规范》(中国气象局,2003)要求对以上数据进行日、月、年统计,或根据评估时段需求进行分时段统计。

3.1.1.2 格点数据

全国智能网格实况融合分析产品(V2.0)是气象资料质量控制及多源数据融合与再分析产品,是将原来的站点实况观测数据升级成为一系列多源数据融合的产品,包括气温、降水、相对湿度、风、总云量、能见度等。评估利用全国智能网格实况融合分析产品(V2.0),实现风速、气温、最高气温、相对湿度、降水分析并绘制 5 km 分辨率的四川省精细格点分布图。

3.1.1.3 大气稳定度

大气稳定度,是指大气稳定的程度,用于表征空气混乱运动的强度。因为太阳照射地面,以及地面生态系统的活动,一般情况下地面附近气温高于上层空气。根据理论分析,干空气在理想情况下,上升 100 m,会降温 0.98 ℃,称为"干绝热直减率"。实际空气里含有水汽,降温较少,约为 0.65 ℃。这样的降温规律在气象学里被用作判断大气稳定度的一种标准。气温垂直分布降温弱于、等于或强于这一标准的,相应大气层被认定为处于稳定、中性和不稳定状态。大气湍流的强弱由下层气温高低和风速决定,是影响污染物在大气中扩散的极重要因素。

本章使用大气稳定度分类方法为帕斯奎尔(Pasquill)法。在 Pasquill 方法中将大气稳定度分为 A～F,共 6 级,A 为强不稳、B 为不稳定、C 为弱不稳定、D 为中性、E 为较稳定、F 为稳定。利用地面气象观测资料中的总云量、低云量、风速,结合观测时的太阳高度角可以计算出任一地点任何时刻的大气稳定度等级。

3.1.1.4 混合层高度

大气混合层伸展的高度是混合层高度。混合层是由热力和机械湍流共同作用的结果,且边界层上部大气运动状况与地面气象参数间存在着相互联系和反馈作用。因此,可用地面常规气象参数来估算平均混合层高度(式(3.1))。

$$H_F = \frac{121}{6}(6-P)(T-T_d) + \frac{0.169P(U_z+0.257)}{12f\ln(z/z_0)} \tag{3.1}$$

其中,T 与 T_d 分别表示地面气温和露点温度;z_0 为地面粗糙度;P 为 Pasquill 大气稳定度级别;U_z 为 z 高度的风速;f 为地转参数。

3.1.1.5 EMI 指数

气象部门开展气象条件对大气污染防治效果影响的分析评估采用 $PM_{2.5}$ 气象条件评估指数(EMI)的变化率来表征综合气象条件对 $PM_{2.5}$ 浓度变化的贡献(中国气象局,2019)。数据统一由中国气象局制作并下发,可以通过下载逐日、逐月 EMI 指数产品进行评估。

3.1.2 气象条件评估方法

3.1.2.1 四川省区域划分方式

大气环境气象条件评估过程中会根据地理及气候特征对四川省进行分区域评估,四川省地理分区如表 3.1 所示。进行区域评估时,若使用站点数据,区域值为该区域所有地面气象观测站点观测值的算术平均值(降水数据除外),降水量为累加值;若使用格点数据,区域值则为该行政区内所有格点数据的算术平均值(降水数据除外),降水量为累加值。

表 3.1 四川省地理部位一览表

地理部位	含义
盆地西北部	成都、德阳、绵阳、广元
盆地西南部	雅安、眉山、乐山
盆地中部	资阳、遂宁、内江
盆地东北部	南充、巴中、达州、广安
盆地南部	自贡、宜宾、泸州
川西高原	阿坝、甘孜
攀西地区	凉山、攀枝花

3.1.2.2　评估方法

(1)评估时段统计

根据《地面气象观测规范》(中国气象局,2003)要求对数据进行统计后,可以绘制单要素全省分布图,利用分布图及相关数据,对评估时段该要素特征及其对空气污染物的影响进行分析评估。

(2)对比时段差异评估

通过评估时段与历史同期时段要素值的差异对比,该要素对空气污染影响的程度与历史同期进行比较。利用参照对比的方式让评估时段要素对于空气污染的影响更具体,使得非专业人士更容易理解。

(3)长时间序列评估

每 5 年进行一次长序列评估,通过要素长时间序列评估该要素长期变化趋势,结合空气污染物浓度变化特征,评估长期气象要素变化对空气污染物的影响。

3.1.3　霾污染气象条件评估

四川盆地在盆周山地和秦岭、大巴山等大地形对低层气流的屏障影响下,形成了相对闭塞的环境,使其大气污染的产生、聚集、扩散地域特征显著。盆地每年 11 月至次年 2 月主要受静稳天气形势控制气温较低、风速小。区域污染时排放总量高是颗粒物污染的内因,不利的气象条件则是外因。霾高发季(11 月—次年 2 月)气象条件评估从地面风速、相对湿度、降水量、混合层高度、大气稳定度、EMI 指数几个方面开展。

3.1.3.1　地面风速

空气运动产生的气流,称为风。它是由许多在时空上随机变化的小尺度脉动叠加在大尺度规则气流上的一种三维矢量。地面气象观测中测量的风是二维矢量(水平运动),用风速和风向表示。通常风速越大越有利于空气中污染物质的稀释扩散,而长时间的微风或静风则会抑制污染物质的扩散,使近地面层的污染物质堆积造成污染物浓度升高。利用评估时段风速大小及与对比时段风速差异,可评估该时段风速对大气污染物扩散的影响。

3.1.3.2　相对湿度

空气湿度是表示空气中的水汽含量和潮湿程度的物理量,相对湿度代表空气中实际水汽压与当时气温下的饱和水汽压之比。较高的相对湿度容易引起 $PM_{2.5}$ 出现吸湿增长现象,从而影响大气颗粒物群的物理化学特性,不利于低层大气颗粒物的清除。通过评估时段相对湿度的分布特征以及与对比评估时段对比分析,评估相对湿度的变化对霾污染的影响。

3.1.3.3　降水

降水通过湿清除作用来降低大气污染物浓度,对 $PM_{2.5}$ 的清除过程包括云内清除和云下清除两个阶段,云下清除是指雨滴在云下降落过程中,通过惯性碰并过程和布朗扩散运动捕获 $PM_{2.5}$,使其从大气中清除。当降水前 $PM_{2.5}$ 初始浓度较低、降雨量较小、降雨时间持续较短时,很难冲刷 $PM_{2.5}$,甚至会因为降水使得湿度增加,$PM_{2.5}$ 吸湿增长导致二次反应加剧,降水后的 $PM_{2.5}$ 浓度高于降水前,从而出现负清除过程。负清除过程随 $PM_{2.5}$ 初始浓度、降雨持续时间和累计降雨量的增加而减少,降水对 $PM_{2.5}$ 的清除量与 $PM_{2.5}$ 初始浓度关系显著。通过对评估时段降水量分布及与对比时段降水量差异分析,可以了解降水对 $PM_{2.5}$ 清除的影响。

3.1.3.4 混合层高度

逆温层是指在某一层空气内气温随高度不是降低,而是等同或升高,即向上降温弱于直减率标准。逆温层内空气处于强稳定状态,湍流微弱,几乎没有垂直混合。空气污染物到达那里后就犹如被"上盖"了,因此形成混合层。混合层高度是研究地表向大气排放污染物状况的重要参数。

混合层厚度变化可以导致污染物浓度发生明显变化:霾高发季混合层通常只有几百米的厚度,夏季能达到 2~3 km。不考虑别的条件时,类似数量的空气污染物,在垂直方向霾高发季有可能被约束在只有夏季几分之一的空间内,浓度必然升高。因此,混合层高度越高,越有利于污染物垂直方向的扩散。混合层具有明显随时间变化的特征,不同的气象条件和天气过程会影响混合层高度。

$PM_{2.5}$ 浓度和混合层高度呈显著反相关关系,当混合层高度升高时 $PM_{2.5}$ 浓度降低,反之当混合层高度降低时 $PM_{2.5}$ 浓度升高。评估时段混合层的高度是该时段大气环境对污染物扩散的能力高低的决定因素之一,计算方法详见 3.1.1.3 节。通过评估时段混合层高度分布特征和与对比评估时段混合层高度差异,可以评估当时大气环境对于污染物浓度的影响。

3.1.3.5 大气稳定度

大气某一高度的气团在垂直方向上稳定的程度,叫做大气稳定度。大气稳定状态表征空气混乱运动(小尺度,大气湍流)的强度。假想在大气中割取出一块与外界绝热密闭的气团,当气团受到某种气象因素的扰动时,产生向上或向下运动。如果它自起点移动一段距离后,又有返回到原来位置的趋势,那么这时候的大气是稳定的;如果它继续移动,没有返回原来位置的趋势,则这时候的大气是不稳定的。大气稳定度的判别方式详见 3.1.1.3 节。

大气稳定度是影响污染物在大气中扩散的重要因素。当大气层结不稳定,热力湍流发展旺盛,对流强烈,污染物易扩散,但是全层不稳定时,污染不易扩散远处。当大气层结稳定时,湍流受到抑制,污染物不易扩散稀释,特别当逆温层出现时,通常风力弱或无风,低空像蒙上一个"盖子",使烟尘聚集地表,造成严重污染。关注大气稳定度中稳定状态的占比,可以了解评估时段不利于污染物扩散和稀释的大气状态的占比,从而分析气象条件对空气质量的影响。

3.1.4　臭氧污染气象条件评估

随着经济的发展、人口的激增及能源结构的不断转型,大气污染逐渐由气溶胶污染向光化学污染过渡,高浓度臭氧污染问题日益凸显,受到政府和公众的广泛关注。臭氧除了与光化学反应前体物有关,臭氧浓度的高低也与气象条件有着密切联系,在臭氧的形成及转化过程中发挥着重要作用。

3.1.4.1　地面风速

风速对臭氧质量浓度的影响主要有两方面:一是风速增加可以抬高大气边界层高度,垂直运动加强,有利于对流层顶臭氧向近地层传输;二是大风速增强了大气的水平扩散作用,有利于臭氧的稀释扩散。风速较低时,臭氧垂直向下的输送能力大于水平扩散作用,从而导致臭氧质量浓度随风速增加而增大,当风速达到一定值时,水平扩散作用占主导地位,臭氧质量浓度将逐渐降低(曹杨 等,2020)。

通过对评估时段地面风速均值及与对比评估时段的差异分析,可以了解评估时段内地面风速对于臭氧浓度的影响,风速较大时利于臭氧的稀释、扩散,反之不利于其扩散、稀释。此外,臭氧的迁移与风速、风向有着必然的联系,风向与风速的变化对臭氧浓度会有怎样的影响也可以作为臭氧污染气象条件评估的一部分。

3.1.4.2　相对湿度

臭氧质量浓度随相对湿度增大而逐渐减小,臭氧质量浓度与相对湿度呈显著负相关性。高相对湿度是形成湿清除的重要指标,影响臭氧前体物浓度,不利于臭氧浓度的积累,且降水发生时,一般云层较多,会吸收太阳辐射,不利于光化学反应。此外,有研究表明,当相对湿度大于 90% 时,臭氧分解速率会明显加快。因此,通过评估时段相对湿度的分布特征及与对比时段的差异情况的分析,可以了解相对湿度对于臭氧浓度的影响。

3.1.4.3　降水

臭氧是光化学反应的产物,降水发生时云层较厚,从而导致太阳辐射降低,抑制了光化学反应的发生。此外,降水能够将臭氧的前体物 NO_x 通过湿沉降的方式降落到地面,从而降低空气中 NO_x 浓度。因此,可以通过降水量和降水日数的统计来分析评估时段降水对臭氧浓度的影响。

3.1.4.4　日最高气温

臭氧质量浓度随日最高气温的升高而增大,臭氧质量浓度与日最高气温呈显著正相关性。日最高气温高意味着太阳辐射强度大,有利于大气光化学反应转化生成臭氧。通过日最高气温的分布情况和与对比评估时段的差异,可以评估日最高气温对臭氧浓度的影响。

3.1.4.5　太阳总辐射

紫外和可见波段的太阳辐射是大气光化学反应的能量驱动源,对臭氧的形成起到关键的作用。太阳总辐射是指水平面上,天空 2π 立体角内所接收到的太阳直接辐射和散射辐射之和。当太阳辐射较强时,臭氧的产生量大于消耗量,大气中一直聚集臭氧,随着时间的推移,导致近地面臭氧含量越来越高。通过对太阳总辐射强度及对比评估时段太阳总辐射强度差异分析,可以评估太阳辐射对臭氧浓度的影响。

3.2　霾高发季气象条件评估

3.2.1　风速

2018 年霾高发季(1 月、2 月、11 月、12 月),全省平均风速为 $1.6\ \mathrm{m\cdot s^{-1}}$,盆地为 $1.4\ \mathrm{m\cdot s^{-1}}$;2019 年霾高发季,全省平均风速为 $1.5\ \mathrm{m\cdot s^{-1}}$,盆地为 $1.3\ \mathrm{m\cdot s^{-1}}$,盆地霾高发季平均风速最高的城市为眉山、巴中、雅安,分别达 $1.5\ \mathrm{m\cdot s^{-1}}$、$1.4\ \mathrm{m\cdot s^{-1}}$、$1.4\ \mathrm{m\cdot s^{-1}}$;平均风速最小的城市为自贡,为 $1.1\ \mathrm{m\cdot s^{-1}}$;2020 年霾高发季全省平均风速为 $1.5\ \mathrm{m\cdot s^{-1}}$,盆地为 $1.3\ \mathrm{m\cdot s^{-1}}$,川西高原、攀西地区霾高发季平均风速明显大于盆地,其中盆地南部为 $1.2\ \mathrm{m\cdot s^{-1}}$,为全省最小值(图 3.1、表 3.2)。

表 3.2　2018—2020 年四川省霾高发季平均风速统计表($\mathrm{m\cdot s^{-1}}$)

	盆地西北部	盆地西南部	盆地东北部	盆地中部	盆地南部	川西高原	攀西地区
2018 年	1.4	1.5	1.4	1.5	1.3	2.0	2.0
2019 年	1.3	1.4	1.4	1.4	1.2	2.0	2.1
2020 年	1.3	1.4	1.4	1.3	1.2	1.9	1.9

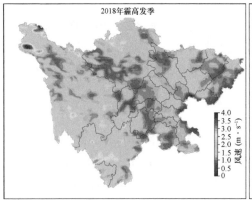
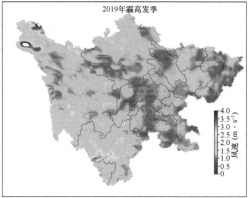

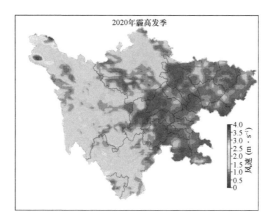

图 3.1　2018—2020 年四川省霾高发季平均风速分布图

　　2019 年霾高发季,四川省平均风速比 2018 年减小 6.3%;盆地比 2018 年减小 7.1%,其中盆地南部减小最多,为 7.7%(表 3.3)。同 2019 年同期相比,2020 年盆地中部、川西高原、攀西地区霾高发季平均风速偏小,其余地区基本持平 (图 3.2)。

表 3.3　2019—2020 年当年与前一年四川省霾高发季平均风速差值统计表

	盆地西北部	盆地西南部	盆地东北部	盆地中部	盆地南部	川西高原	攀西地区
2019 比 2018 年 (%)	−7.1	−6.7	持平	6.7	−7.7	持平	5.0
2020 比 2019 年 (%)	持平	持平	持平	−7.1	持平	−5.0	−9.5

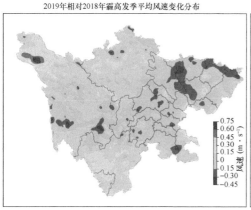
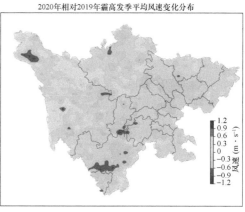

图 3.2　2019—2020 年当年与前一年四川省霾高发季平均风速差值统计图

从 2011—2020 年四川省霾高发季平均风速变化来看,整体趋势为逐渐增加。2018 年盆地霾高发季平均风速为 1.4 m·s⁻¹,2013 年为 1.0 m·s⁻¹,分别为近 10 a 最大值和最小值。盆地各区域比较来看,盆地中部、南部是近 10 a 霾高发季平均风速最大和最小区域,分别为 1.3 m·s⁻¹ 和 1.1 m·s⁻¹。总体来说,盆地按霾高发季平均风速大小排列情况为盆地中部>盆地西南部>盆地东北部>盆地西北部>盆地南部(图 3.3)。

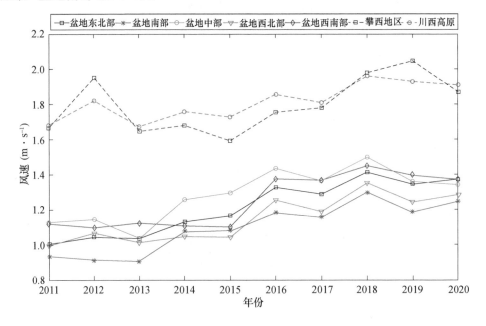

图 3.3   2011—2020 年四川省霾高发季平均风速年变化趋势

3.2.2   相对湿度

2018 年全省霾高发季平均相对湿度为 69.8%,盆地西北部、西南部、中部、南部分别为 75.6%、76.8%、79.7%、83.0%(表 3.4);2019 年霾高发季全省相对湿度为 70.9%,盆地为 80.5%;2020 年四川省霾高发季平均相对湿度为 71.8%,盆地为 80.4%(图 3.4)。

表 3.4   2018—2020 年四川省霾高发季平均相对湿度统计表(%)

	四川省	盆地	盆地西北部	盆地西南部	盆地东北部	盆地中部	盆地南部	川西高原	攀西地区
2018 年	69.8	78.6	75.6	76.8	81.0	79.7	83.0	48.5	57.4
2019 年	70.9	80.5	78.4	79.7	80.5	81.3	85.0	49.0	55.9
2020 年	71.8	80.4	77.9	81.1	81.1	79.6	83.7	50.0	61.0

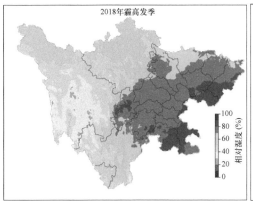
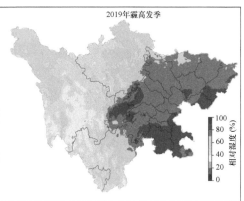
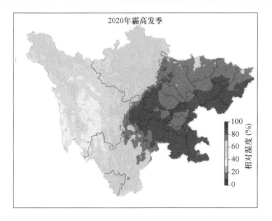

图 3.4　2018—2020 年四川省霾高发季平均相对湿度分布图

2019 年霾高发季,四川省平均相对湿度略高于 2018 年;盆地相对湿度比 2018 年偏高 2.4%,其中,盆地西北部和西南部偏高较多,分别偏高 3.7%、3.8%(表 3.5)。2020 年四川省霾高发季平均相对湿度略高于 2019 年同期,川西高原较 2019 年同期偏高 2.0%,攀西地区较 2019 年同期偏高 9.1%,盆地较 2019 年同期偏低 0.1%,其中盆地西南部、东北部分别偏高 1.8%、0.7%,盆地西北部、中部、南部分别偏低 0.6%、2.1%、1.5%(图 3.5)。

表 3.5　2019—2020 年当年与前一年四川省霾高发季平均相对湿度差值统计表(%)

	盆地西北部	盆地西南部	盆地东北部	盆地中部	盆地南部	川西高原	攀西地区
2019 年比 2018 年	3.7	3.8	−0.6	2.0	2.4	1.0	−2.6
2020 年比 2019 年	−0.6	1.8	0.7	−2.1	−1.5	2.0	9.1

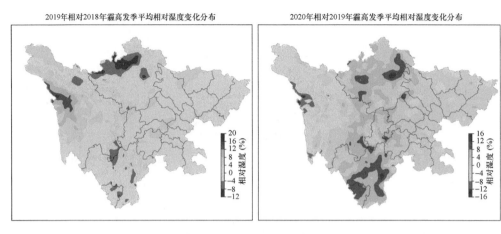

图 3.5　2019 年和 2020 年当年与前一年四川省霾高发季平均相对湿度差值统计图

2011—2020 年,四川省霾高发季平均相对湿度呈缓慢上升的态势。2019 年盆地霾高发季平均相对湿度为近 10 a 最大值 80.5%,2013 年为最小值 76.2%。从盆地各区域分析,盆地南部、西北部为近 10 a 霾高发季平均相对湿度最大和最小区域,分别为 82.9% 和 76.3%。攀西地区近 10 a 霾高发季平均相对湿度变化幅度较大,最大值和最小值分别为 2016 年 63.8%、2012 年 52.3%(图 3.6)。

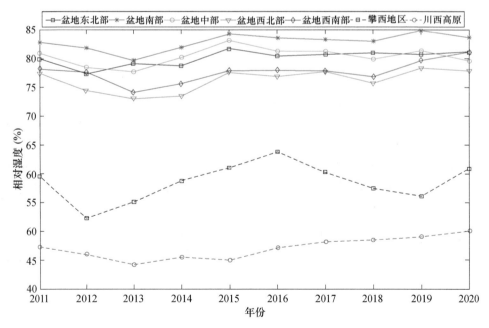

图 3.6　2011—2020 年四川省霾高发季平均相对湿度年变化趋势

3.2.3 降水

2019 年,四川省霾高发季累积降水量为 49.2 mm,盆地霾高发季累积降水量为 62.0 mm;2020 年四川省霾高发季累积降水量为 50.4 mm,盆地霾高发季累积降水量为62.9 mm,盆地南部累积降水量最多(101.4 mm),盆地西北部最少(32.0 mm)(图 3.7、表 3.6)。

表 3.6 2019—2020 年四川省霾高发季累积降水量(mm)统计表

	四川省	盆地	盆地西北部	盆地西南部	盆地东北部	盆地中部	盆地南部	川西高原	攀西地区
2019 年	49.2	62.0	36.0	68.2	60.5	50.2	108.5	24.7	21.9
2020 年	50.4	62.9	32.0	70.6	76.5	46.4	101.4	19.9	33.6

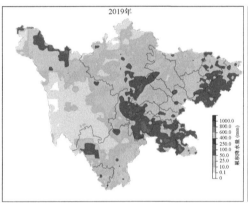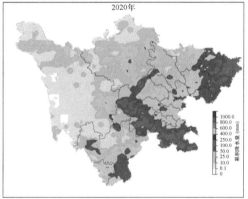

图 3.7 2019 年和 2020 年四川省霾高发季累积降水量分布图

2019 年霾高发季累积降水量比 2018 年(58.4 mm)减少 15.8%;,盆地比 2018 年(75.0 mm)减少 17.3%,其中,盆地西南部和南部霾高发季累积降水量增加,分别为22.9%和 13.7%,盆地东北部、中部和西北部减少,分别减少 48.4%、31.5%、28.6%(表 3.7);2020 年霾高发季,攀西地区和盆地东北部增幅最大,分别达到 53.4%和26.4%。2020 年四川省霾高发季比 2019 年同期增加 2.4%;盆地霾高发季累积降水量比 2019 年同期增加 1.5%;攀西地区和盆地东北部增幅最大,分别达到 53.4%和26.4%;川西高原和盆地西北部降幅最大,分别达到 19.4%和 11.1%(图 3.8)。

图 3.7 2019—2020 年当年与前一年四川省霾高发季累积降水量差值统计表(%)

	盆地西北部	盆地西南部	盆地东北部	盆地中部	盆地南部	川西高原	攀西地区
2019 年比 2018 年	−28.6	22.9	−48.4	−31.5	13.7	−17.9	22.3
2020 年比 2019 年	−11.1	3.5	26.4	−7.6	−6.5	−19.4	53.4

2019年相对2018年霾高发季平均相对湿度变化分布

2020年相对2019年霾高发季平均相对湿度变化分布

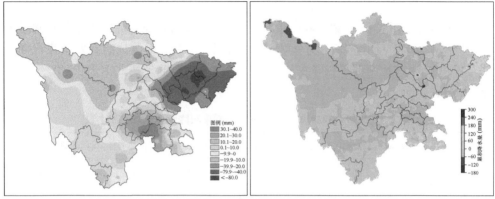

图 3.8 2019—2020 年当年与前一年四川省霾高发季累积降水量差值统计图

2011—2020 年,盆地霾高发季累积降水量波动较大。近 10 a 来,盆地霾高发季累积降水量最大值出现在 2011 年为 108.1 mm,最小值在 2017 年为 53.6 mm。盆地南部、盆地西北部分别为盆地霾高发季累积降水最多区域和最少区域,10 a 平均值分别为 101.2 mm 和 44.6 mm。2011—2020 年按霾高发季累积降水量多少排列情况为盆地南部>盆地东北部>盆地西南部>盆地中部>盆地西北部(图 3.9)。

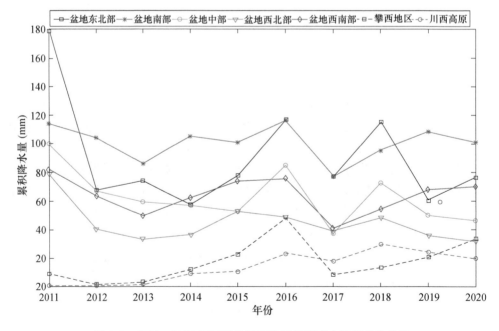

图 3.9 2011—2020 年四川省霾高发季累积降水量年变化趋势

2011—2020 年川西高原霾高发季累积降水量变化幅度为全省最小,10 a 来,最大值出现在 2018 年为 29.8 mm,最小值在 2012 年为 0.6 mm;攀西地区霾高发季累积降水量最多和最少年份分别在 2016 年(48.6 mm)、2012 年(1.6 mm)(图 3.9)。

3.2.4　混合层高度

2020 年霾高发季,四川省平均大气混合层高度为 1135 m(图 3.10a),相比 2019 年同期下降了 76 m(图 3.10b);盆地地区平均大气混合层高度为 921 m,相比 2019 年同期下降了 102 m;川西高原平均大气混合层高度较 2019 年同期下降了 54 m;攀西地区平均大气混合层高度较 2019 年同期下降了 69 m。2020 年霾高发季四川省各地区的平均大气混合层均小于 2019 年同期。

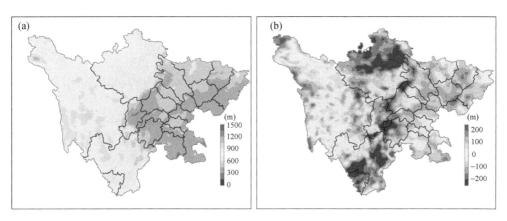

图 3.10　2020 年四川省霾高发季平均混合层高度分布图(a)
及相对 2019 年同期变化分布(b)

3.2.5　大气稳定度

大气稳定度是影响污染物在大气中扩散的极重要因素。当大气层结不稳定,热力湍流发展旺盛,对流强烈,污染物易扩散,但是大气层稳定时,污染不易扩散远处。大气稳定度等级使用帕斯奎尔稳定度分类法,分为强不稳定、不稳定、弱不稳定、中性、较稳定和稳定六级,它们分别由 A、B、C、D、E 和 F 表示。

2020 年霾高发季,四川盆地大气稳定度出现稳定等级的频率为 9.60%,较 2019 年同期基本持平(图 3.11)。同 2019 年同期相比,盆地西北部、盆地西南部以及盆地南部大气稳定度出现稳定等级的频率下降,其中盆地西南部下降最大,为 2.72%;盆地中部和盆地东北部大气稳定度出现稳定等级的频率上升,盆地中部上升最多,为 2.24%(表 3.8)。

2020年霾高发季,四川盆地大气稳定度出现较稳定等级的频率为2.40%,较2019年同期升高了0.18%。同2019年同期相比,盆地西北部、盆地西南部以及盆地南部大气稳定度出现较稳定等级的频率下降,其中盆地西南部下降最大,为0.89%;盆地中部和盆地东北部大气稳定度出现较稳定等级的频率较2019年同期上升,盆地中部上升最多,为0.25%(表3.8)。

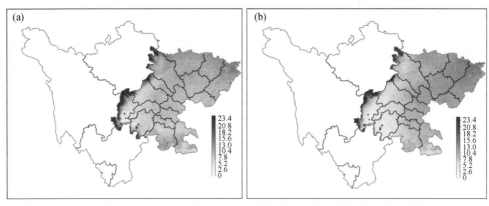

图3.11 2019年(a)和2020年(b)四川省霾高发季大气稳定度为稳定状态频率分布图

表3.8 2019—2020年四川省霾高发季大气稳定度等级频率统计表(%)

等级	年份	盆地西北部	盆地西南部	盆地东北部	盆地中部	盆地南部
	2019年	10.74	11.17	9.94	8.08	8.09
稳定	2020年	9.98	8.45	12.18	9.80	7.59
	与2019年差值	−0.76	−2.72	2.24	1.72	−0.50
	2019年	2.60	2.82	2.29	2.09	2.22
较稳定	2020年	2.36	1.93	2.54	2.21	1.93
	与2019年差值	−0.24	−0.89	0.25	0.12	−0.29

3.3 臭氧污染高发季气象条件评估

臭氧作为对流层光化学污染的重要成分之一,不仅自身会给人类和动植物带来很大危害,还会形成光化学烟雾,导致大气能见度的降低以及更严重的危害。太阳辐射和气温是许多臭氧相关的大气化学或光化学过程的控制因素。

3.3.1 累积日照时数

盆地的累积日照时数呈现出东高西低的分布状态(图3.12)。2018年5—9月,盆地的累积日照时数为675 h/站。2019年5—9月,盆地的平均累积日照时数为522 h/站。

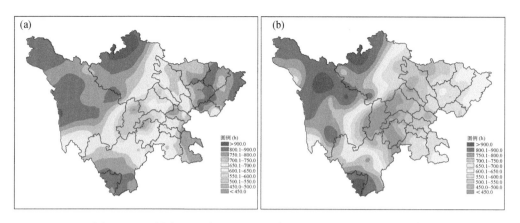

图 3.12　四川省 2018 年(a)和 2019 年(b)5—9 月日累积日照时数

2018 年 5—9 月,盆地东北部、南部、西北部、西南部、中部的累积日照时数均比 2017 年同期偏低。盆地东北部的累积日照时数最高,达到 789 h/站,仍低于 2017 年同期(821 h/站)。盆地中部、南部、西北部、西南部的累积日照时数依次递减,其中盆地西南部的累积日照时数最低,为 534 h/站。川西高原与攀西地区的累积日照时数分别为 751 h/站、737 h/站,均高于盆地(图 3.13)。

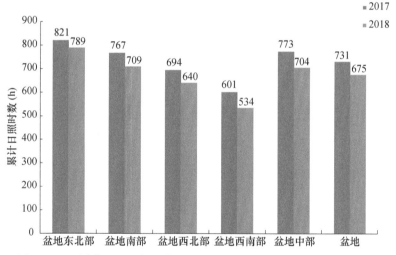

图 3.13　四川盆地及重点区域 2017 年与 2018 年 5—9 月累积日照时数

2019 年 5—9 月,四川省平均累积日照时数比 2018 年同期偏低 17%(图 3.14)。川西高原与攀西地区的平均累积日照时数比 2018 年同期分别偏小 3%、6%。盆地的平均累积日照时数比 2018 年同期偏低 23%。盆地东北部、盆地西北部、中部、南部、西南部的平均累积日照时数比 2018 年同期分别偏低 25%、25%、24%、20%、20%(图 3.15)。

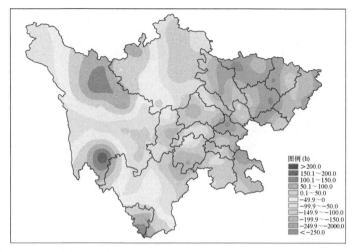

图 3.14 四川省 2019 年 5—9 月累积日照时数相对 2018 年同期变化分布

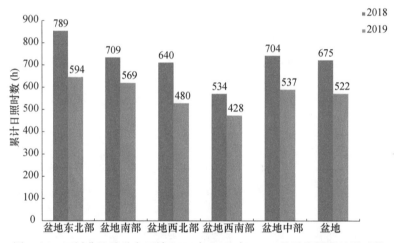

图 3.15 四川盆地及重点区域 2019 与 2018 年 5—9 月平均累积日照时数

3.3.2 最高气温

盆地日最高气温平均值呈现出东高西低的分布状态(图 3.16)。2018 年 5—9 月,盆地日最高气温平均值为 29.7 ℃(图 3.16a);2019 年 5—9 月,四川省平均日最高气温为 27.7 ℃(图 3.16b);2020 年 5—9 月,四川省平均日最高气温为 28.3 ℃(图 3.16c)。

2018 年 5—9 月,盆地日最高气温平均值低于 2017 年同期(29.9 ℃)。盆地南部、西北部、西南部、中部的日最高气温平均值比 2017 年同期均偏低,盆地东北部的日最高气温平均值(30.4 ℃)比 2017 年同期(30 ℃)偏高。盆地南部、东北部、中部、西北部、西南部的日最高气温平均值依次递减,其中盆地南部的日最高气温平均值最高,为 30.5 ℃,盆地西南部的日最高气温平均值最低,为 28.3 ℃。

川西高原的日最高气温平均值(22.9 ℃)低于盆地,攀西地区的日最高气温平均值
(27.4 ℃)高于盆地(图 3.17)。

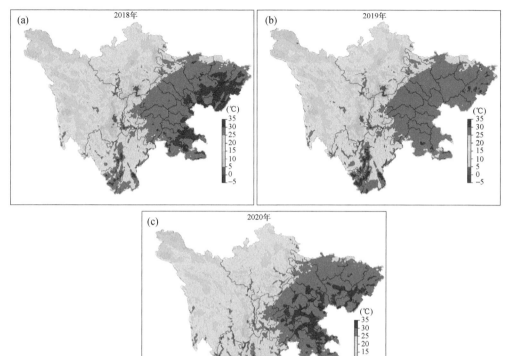

图 3.16 四川省 2018—2020 年 5—9 月日最高气温平均值

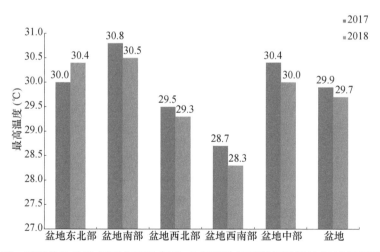

图 3.17 四川盆地及重点区域 2018 年 5—9 月平均日最高气温相对 2017 年同期差异

2019年5—9月,四川省平均日最高气温比2018年同期偏低0.7 ℃。川西高原与攀西地区的平均日最高气温分别为22.7 ℃、28.3 ℃,比2018年同期分别偏低0.2 ℃、偏高0.9 ℃。盆地平均日最高气温为28.6 ℃,比2018年同期偏低1.1 ℃。盆地南部、东北部、中部、西北部、西南部的平均日最高气温分别为29.5 ℃、29.0℃、28.8 ℃、28.2 ℃、27.4 ℃。与2018年同期相比,盆地南部、中部、东北部、西北部、西南部的平均日最高气温分别偏低1 ℃、1.3 ℃、1.4 ℃、1.1℃、0.9 ℃(图3.18)。

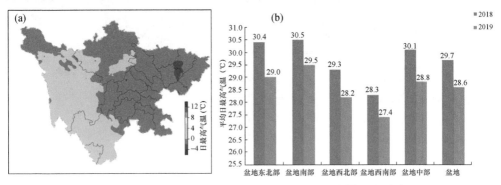

图3.18　四川省2019年5—9月平均日最高气温相对2018年同期变化分布(a)及差异(b)

2020年5—9月,四川省平均日最高气温比2019年同期偏高0.6 ℃(图3.19)。川西高原与攀西地区的平均日最高气温分别为22.5 ℃、27.8 ℃,比2019年同期分别偏低0.59%和1.9%。盆地平均日最高气温为29.6 ℃,比2019年同期偏高1.0 ℃。盆地西北部、中部、西南部、东北部、南部的平均日最高气温分别为29.4 ℃、30.0 ℃、28.5 ℃、29.9 ℃、30.2 ℃。与2019年同期相比,盆地西北部平均日最高气温偏高最多,为4.2%。

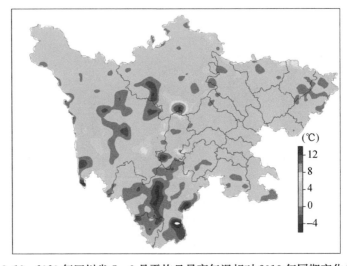

图3.19　2020年四川省5—9月平均日最高气温相对2019年同期变化分布

3.3.3　太阳总辐射

紫外和可见波段的太阳辐射是大气光化学反应的能量驱动源,对臭氧的形成起到关键的作用。2020 年 5—9 月四川省 7 个辐射观测站太阳总辐射曝辐量变化如图 3.20所示,甘孜、攀枝花、红原曝辐量超过 2500 MJ·m^{-2},纳溪、绵阳、峨眉山曝辐量在 2200 MJ·m^{-2}左右,温江曝辐量最低仅为 2076.74 MJ·m^{-2}。与 2019 年同期相比,红原、绵阳、甘孜、攀枝花、温江总辐射降低,最大降幅达 26.2%(红原);纳溪、峨眉山总辐射上升,最大升幅为 8.5%(纳溪)。

从 2011—2020 年四川省 7 站 5—9 月曝辐量变化看,甘孜、红原、攀枝花变化趋势较为一致,而纳溪、绵阳、峨眉山、温江变化趋势大体一致,但也略有不同(图 3.20)。2012 年和 2014 年是比较特殊的两个年份,7 个观测站曝辐量均较上一年同期有显著下降,降幅均值在 10%以上;2014 年后甘孜、红原、攀枝花曝辐量每四年会有一个波动周期,而其他 4 个观测站总体处于缓慢攀升阶段。

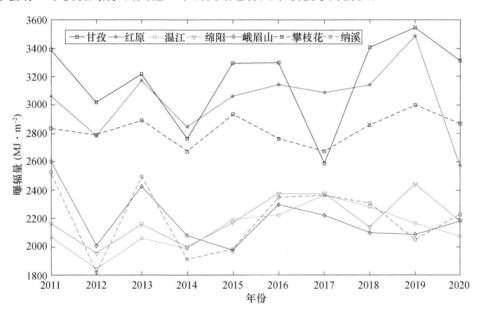

图 3.20　2011—2020 年四川省 5—9 月总辐射曝辐量年变化趋势

成都 1993—2020 年太阳总辐射总体呈上升趋势,倾向率为 31.63 MJ·(m^2·a)$^{-1}$,年最低值出现在 1999 年曝辐量为 2858.98 MJ·m^{-2},最高值出现在 2018 年曝辐量为 4170.21 MJ·m^{-2}。从图 3.21a 年际变化可见,1993 年至 1999 年成都市太阳总辐射逐年下降,1999 年后开始呈上升趋势,2020 年太阳总辐射较 1999 年升高856.15 MJ·m^{-2},升幅达 29.9%。

从成都 1993—2020 年太阳总辐射的季节序列,图 3.21 b 可见,成都太阳总辐射夏季最高,春季次之,秋季第三,冬季最低;春季、夏季太阳总辐射明显高于秋季和冬季,夏季与冬季年均曝辐量相差 766.89 MJ·m⁻²。由表 3.9 可知,夏季太阳总辐射呈上升趋势,倾向率为 10.39 MJ·(m²·a)⁻¹,略高于春季和冬季;秋季倾向率虽大于 0,但与其他三个季节相比,变化不显著。

$$MJ \cdot m^{-2}$$
$$10.39 \; MJ \cdot (m^2 \cdot a)^{-1}$$

表 3.9　太阳总辐射年均、季节均值及气候倾向率

	年均	春季	夏季	秋季	冬季
1993—2020 年均值(MJ·m⁻²)	3497.24	1094.52	1263.52	654.02	486.63
气候倾向率(MJ·(m²·a)⁻¹)	31.63	9.82	10.39	3.83	8.42

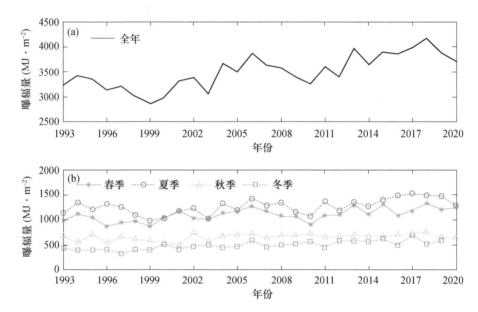

图 3.21　1993—2020 年成都太阳总辐射变化曲线

(a)全年;(b)不同季节

从太阳总辐射 25 年月均变化曲线图(图 3.22)中可以看出成都太阳总辐射月变化总体呈现"双峰"型,每年 2—4 月为迅速攀升阶段,而后维持在全年高值区,9 月断崖式下滑后缓慢降至最低。其中,4—8 月太阳辐射较强,太阳总辐射占全年曝辐量 58%以上;期间出现太阳总辐射在 6 月有小幅下降,7 月又回升的现象。由于降水时天空会覆盖云层,使得到达地面的太阳辐射减少,因此可以通过无降水日来解释太阳总辐射降低的原因。通过对 6 月太阳总辐射降幅显著的 2011—2015 年无降水日数统计结果发现(表 3.10),6 月平均无降水日数仅占 39.2%,与 5 月、7 月相比 6 月降水明显偏多,说明 6 月太阳总辐射的降低与降水日数的增多有直接关系。

表 3.10　2011—2015 年无降水日数占比统计表（%）

	2011 年	2012 年	2013 年	2014 年	2015 年	平均
5 月	51.6	41.9	45.2	58.1	64.5	52.3
6 月	56.0	40.0	40.0	23.3	36.6	39.2
7 月	38.7	45.2	32.3	58.1	54.8	45.8

成都太阳总辐射近 25 年呈上升态势，1996—2000 年太阳总辐射为最低阶段，4—8 月平均累积曝辐量仅为 1839.5 MJ·m^{-2}；2016—2020 年太阳总辐射为最高阶段，4—8 月平均累积曝辐量达 2349.6 MJ·m^{-2}。成都太阳总辐射 1—3 月以及 11—12 月升幅虽然没有 4—8 月显著，但也略有升高；9 月升幅最小，最高值与最低值之差仅为 35.1 MJ·m^{-2}。

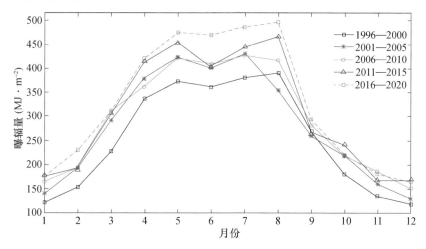

图 3.22　1996—2020 年成都太阳总辐射 25 年月均变化曲线

3.4　EMI 指数

气象条件对大气污染防治效果影响的分析评估是指特定时段内，不考虑排放源的变化，气象要素通过扩散、传输、干湿沉降和化学转化等方式对 PM$_{2.5}$ 浓度变化所造成的影响。气象部门开展气象条件对大气污染防治效果影响的分析评估采用 PM$_{2.5}$ 气象条件评估指数（EMI）的变化率来表征综合气象条件对 PM$_{2.5}$ 浓度变化的贡献。

3.4.1　EMI 指数概念

依据气象行业标准《PM$_{2.5}$ 气象条件评估指数（EMI）》（QXT 479—2019），EMI 是表征 PM$_{2.5}$ 浓度变化中气象条件贡献的无量纲指标，用地面至 1500 m 高度气柱内 PM$_{2.5}$ 平均浓度与参考浓度的比值表示，值越大表征气象条件越不利于近地面大气中 PM$_{2.5}$ 稀释与扩散。

3.4.2　霾高发季 EMI 指数分布

2019 年霾高发季(2019 年 1 月、2 月、11 月和 12 月)川西高原、攀西地区的 EMI 指数在 0～1 之间；成都、绵阳、德阳、眉山、内江、自贡、泸州、宜宾 EMI 指数在 4～9 之间，尤其成都部分地区 EMI 指数全省最高；盆地其余地区 EMI 指数在 1～4 之间(图 3.23)。

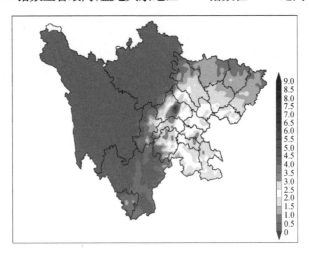

图 3.23　四川省 2019 年霾高发季 EMI 指数分布图

2020 年霾高发季，EMI 指数的大值中心分别位于成都、眉山、乐山、内江、自贡、泸州、宜宾，其 EMI 指数分别为 2.9、3.0、2.6、2.3、2.6、2.3、2.3；川西高原、攀西地区以及盆地东北部、盆地西北部大部分地区的 EMI 指数平均值介于 0～1 之间(图 3.24)。

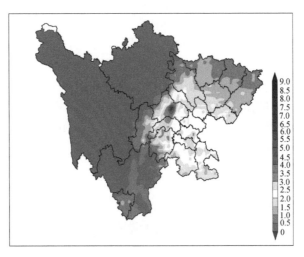

图 3.24　四川省 2020 年霾高发季 EMI 指数分布图

3.4.3　EMI 指数对比分析

设定 PM$_{2.5}$的年排放率不变,不同年度之间相互比较时,EMI 指数的差异就是排放不变条件下气象条件所导致的 PM$_{2.5}$浓度变化率。气象条件变化率如式(3.2)所示。

$$R_w = \frac{(I_1 - I_0)}{I_0} \tag{3.2}$$

其中,R_w 表示"时段 1"相对"时段 0"的气象条件变化率,无量纲。

两个对比时段 PM$_{2.5}$气象条件评估指数(EMI)的变化表征了气象因素对 PM$_{2.5}$浓度变化所起的贡献。气象因素贡献包含了扩散,传输,干、湿沉降,也考虑了气象因素对化学转化的贡献率。评估数据采用 2015 年排放源清单、环境保护部提供的 PM$_{2.5}$数据(国控站)、中国气象局自主研发的数值模式和多源气象观测资料。气象条件变化对浓度变化的贡献率,负值表示扩散条件较优,有降低污染物浓度效果;正值表示扩散条件较差,有增加 PM$_{2.5}$浓度效果。

由表 3.11 所示,与 2017 年和 2015 年相比,2019 年全年盆地气象条件明显优于这两年。2019 年盆地的气象条件大部分差于 2018 年,但成都、南充、眉山、广安、达州气象条件优于 2018 年。其中,达州气象条件变率达−12.0%,说明 2019 年扩散条件优于 2018 年,仅考虑气象条件的情况下,2019 年气象条件会有利于污染物浓度的降低。

表 3.11　四川盆地 15 城市 2019 年较参考对比年气象条件的影响

城市	2019 年	2018 年		2017 年		2015 年	
	EMI 指数	EMI 指数	变率(%)	EMI 指数	变率(%)	EMI 指数	变率(%)
成都	3.90	3.98	−2.0	4.30	−9.3	4.40	−11.3
绵阳	2.37	2.14	10.7	2.37	0.1	2.57	−7.8
宜宾	2.76	2.58	6.9	3.18	−13.2	3.21	−14.0
泸州	2.87	2.75	4.4	3.04	−5.8	3.08	−7.0
自贡	3.45	3.15	9.5	3.78	−8.7	3.76	−8.3
德阳	2.63	2.45	7.2	2.73	−3.7	2.85	−7.6
南充	2.09	2.17	−3.5	2.57	−18.7	2.59	−19.1
遂宁	2.41	2.41	0.2	2.70	−10.8	2.83	−14.7
内江	2.84	2.71	5.0	3.14	−9.6	3.11	−8.7
乐山	3.05	3.00	1.4	3.40	−10.4	3.76	−18.9
眉山	2.71	2.96	−8.4	3.24	−16.4	3.43	−21.1
广安	2.28	2.33	−2.2	2.78	−17.9	2.65	−13.9
达州	1.44	1.64	−12.0	1.88	−23.2	1.76	−18.0
雅安	1.90	1.69	12.1	2.20	−13.9	2.57	−26.1
资阳	2.38	2.30	3.1	2.66	−10.8	2.81	−15.3

在排放源基本保持不变的假设条件下,2020年霾高发季四川省的气象条件比2019年同期有所变好,EMI变化率为-18.8%。盆地内大部分市州的气象条件比2019年同期偏好。其中,巴中、广元的气象条件较2019年同期大幅变好,EMI变化率分别为-41.2%,-33.1%;南充、自贡、成都的气象条件较2019年同期明显变好,EMI变化率分别为-29.5%、-23.2%、-20.7%(图3.25a)。

2020年霾高发季,眉山的气象条件比2019年同期有所变差,EMI变化率为12%;攀枝花的气象条件比2019年同期略有变差,EMI变化率为7%(图3.25b)。

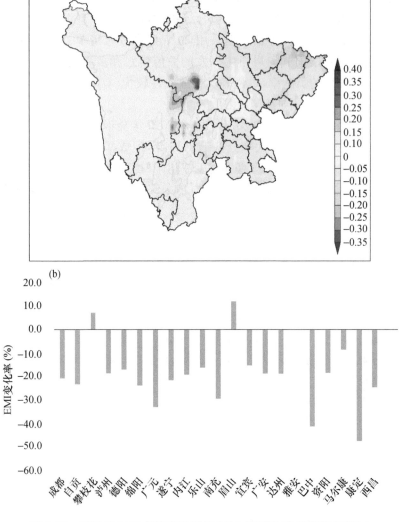

图3.25 四川省2020年霾高发季较2019年同期EMI指数变率(a)
及各市州EMI指数变率(b)

3.4.4　霾高发季 EMI 指数年际变化

2020 年霾高发季,四川省的气象条件比近 8 年同期平均水平明显变好,EMI 变化率为−21%。盆地的气象条件较近 8 年同期平均水平明显变好,EMI 变化率为−23%。其中,盆地东北部、川西高原的气象条件较近 8 年同期平均水平大幅变好,EMI 变化率分别为−37%、−31%;盆地西北部、盆地中部、盆地南部的霾高发季气象条件较近 8 年同期平均水平明显变好,EMI 变化率分别为−22%、−24%、−21%;盆地西南部、攀西地区的霾高发季气象条件较近 8 年同期平均水平略有变好,EMI 变化率分别为−13%、−12%(图 3.26)。

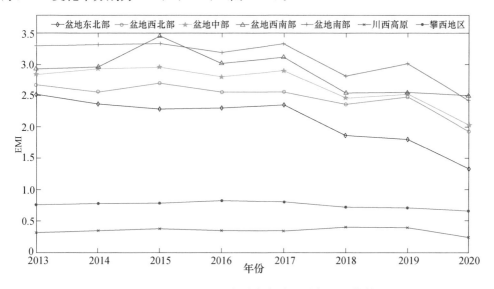

图 3.26　2013—2020 年霾高发季四川省 EMI 指数

盆地东北部、盆地中部、盆地南部以及盆地西北部的霾高发季 EMI 指数年际变化趋势基本一致:2017 年以前气象条件稳定少变,2017 年以后气象条件总体呈现出逐年变好的趋势;盆地西南部的气象条件在 2015 年以后呈现出逐年变好的趋势;川西高原、攀西地区的气象条件年际变化较小。

第4章 空气污染扩散气象条件预报

4.1 霾高发季天气形势客观分型

4.1.1 数据来源

利用从欧洲中期数值天气预报中心(ECMWF)下载的 2016 年 1 月 1 日—2019 年 12 月 31 日逐日 14:00(BJT)第五代再分析数据 ERA5,作为天气客观分型基础数据,空间分辨率为 0.25°×0.25°。选择海平面气压场和 10 m 风场作为地面气象场分型对象,研究范围为 20°~40°N,90°~115°E,包括四川省及其周边海陆区域。

4.1.2 分型方法

倾斜 T 模态主成分分析方法(PCT)是将原始高维矩阵 Z 分解为 2 个低维矩阵 F 和 A 的乘积。其中,Z 的每一行代表一个格点,每一列代表一个时次;F 为主成分元矩阵,A 为载荷矩阵。保留方差贡献较大的主成分用于后续分析,其中主成分个数应不大于观测时次数,主成分按照对应特征值大小进行排序,选取累计贡献率超过 85% 的特征值。将保留的主成分斜交旋转,最后依据载荷大小对每个时次的天气形势进行分类(HUTH R,1996)。该研究采用欧盟 cost733 项目开发的天气客观分型软件(PHILIPP A et al.,2016),结合倾斜 T 模态主成分分析方法,以成都市区为研究中心,分别对霾高发季和臭氧污染高发季天气形势及与污染物浓度之间关系进行分析。

4.1.3 天气客观分型

利用倾斜 T 模态主成分分析方法,对 2016—2019 年 1 月、2 月、11 月、12 月 ERA5 再分析数据中 00UTC 海平面气压场进行分型,把影响成都地区的环流形势分为 6 种类型,如图 4.1 所示,累积方差贡献超过 85%,样本数共 481 d。同时对各分型的相对湿度、降水、气压、风速气象要素特征进行统计分析,如表 4.1 所示。具体描述如下:

(1)高压前部型(SLP PCT01):共出现 35 d,出现频率为 7.3%,如图 4.1 所示(下同)。该种类型下,海平面气压场青藏高原和川西高原上为高压控制,高压中心的海平面气压值介于1026~1036 hPa,单点可达1036 hPa以上,川西高原以东均为较大范围的气压低值区,成都位于高压前部,地面气压均值为955.9 hPa,该种类型下,相对湿度偏高为82.7%,有利于污染物的二次转化,加重污染,同时风速六种最低1.29 m·s⁻¹,不利于污染物的稀释扩散,AQI均值为118.6。

表4.1 不同天气类型下的气压、相对湿度、日平均降水、风速、空气质量指数

天气类型	气象要素				
	气压(hPa)	相对湿度(%)	日平均降水(mm)	风速(m·s⁻¹)	AQI
1类:高压前部型	955.9	82.7	0.57	1.29	118.6
2类:低压底部型	952.1	79.3	0	1.30	137.3
3类:高压后部型	960.7	78.0	0.31	1.48	107.2
4类:低压型	948.5	87.6	0	1.37	140.0
5类:均压场型	956.8	80.6	0.11	1.36	123.4
6类:低压前部型	953.9	79.8	0.48	1.91	94.7

（2）低压底部型（SLP PCT02）：该种天气类型出现较少,在2016—2019年仅出现16 d,出现频率为3.3%,在青藏高原和川西高原依然为高压控制,但范围相对高压前部型明显缩小,大值区在1024~1034 hPa,在甘肃一带有明显的低压中心,低值可达1012 hPa,这时候低值系统还未对成都天气产生明显影响,成都处于低压的底部位置,地面气压较低,为952.1 hPa,风速也较小1.30 m·s⁻¹,不利于污染物的稀释扩散,AQI高达137.3,在六种类型里位列第二。

（3）高压后部型（SLP PCT03）：共出现245 d,出现频率最高,为50.9%。此种类型地面高压中心位于内蒙古以北地区,西北地区至四川盆地、华中一带均为高压的延伸区,成都位于高压后部,地面气压值居六种类型中最高,960.7 hPa,可能受北方干冷空气影响,相对湿度最低为78.0%,风速偏大1.48 m·s⁻¹,空气质量相对较好,AQI为107.2。

（4）低压型（SLP PCT04）：该种天气类型最少,2016—2019年霾高发季仅出现2 d,川西高原东部、四川盆地至湖北一带均为低压区,气压值为1002~1014 hPa,外围被高压包围,形成环绕之势,无降水天气发生,风速也较小1.37 m·s⁻¹,不利于污染物的稀释扩散,导致污染物聚集,AQI六种类型最高,达到140.0。

（5）均压场型（SLP PCT05）：也称鞍型场,共出现95 d,出现频率为19.8%。在陕西至内蒙古一带和青藏高原与川西高原东部,形成两片气压大值中心区域,成都处于两个高压中心之间的过渡带。两高对峙,中间均压场稳定存在,内部气压梯度和风速变化小,地面风速平均值仅为1.36 m·s⁻¹,污染物垂直传输和水平传输均受阻,容易形成污染天气（曾胜兰 等,2016）,该类型AQI均值为123.4。

（6）低压前部型（SLP PCT06）：共出现88 d,出现频率为18.3%。在青海和川西高原东部有明显的气压低值中心,最小中心值可达1012 hPa及以下,成都位于低压前部,

同时,在四川的以东和以北地区又有高于本地的高压存在。该种天气类型下,北部高压与后部的低压形成较大气压梯度,有梯度风生成,风速是六种最高,为 $1.91\ \mathrm{m \cdot s^{-1}}$,有利于污染物的传输扩散。由于低压中心的存在,气旋环流增强,加之气压梯度力引发的北方冷空气南下触发,有利于降水天气的产生,日平均降水相对较高为 $0.48\ \mathrm{mm}$,AQI 均值 94.7,空气质量为六种最好。

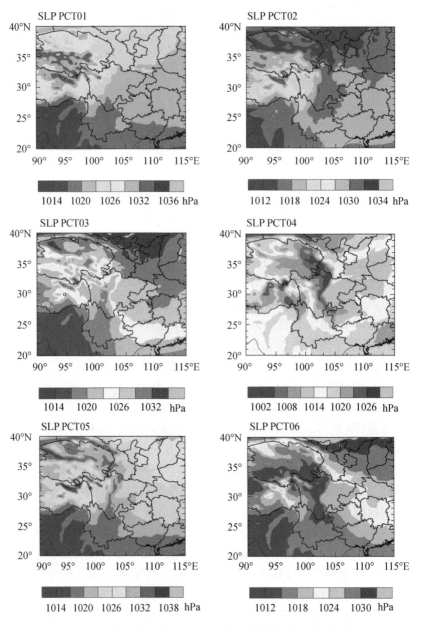

图 4.1　客观分型得到的 6 种环流类型(阴影部分为海平面气压)

4.1.4　2016—2019 年成都霾高发季大气污染特征

霾高发季为每年的 1 月、2 月、11 月、12 月,污染天气为 AQI>100 的天气。2016—2019 年成都霾高发季共出现污染天气 232 d,发生概率高达 48%。根据《环境空气质量标准》GB 3095—2012,进一步将空气质量分为 0~50、51~100、101~150、151~200、201~300 和大于 300,分别对应优、良、轻度污染、中度污染、重度污染和严重污染六个等级。统计分析结果如图 4.2 所示,优良天气自 2017 年逐渐增多,轻度污染发生频次无明显变化,中度污染发生日数逐年减少,重度污染天气 2017 年最多,2019 年未发生,严重污染天气仅在 2017 年出现。总体来看,成都 2016—2019 年霾高发季的空气质量,2017 年空气质量最差,污染等级最高,自 2017 年以来,污染程度降低,优良天气逐年增多,由 43.8% 升高到 66.7%。

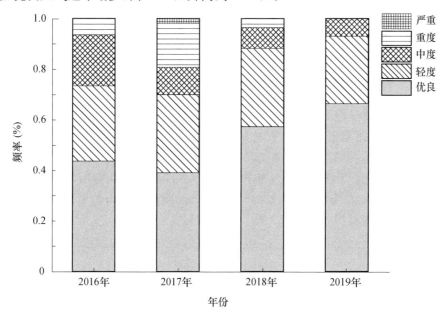

图 4.2　2016—2019 年霾高发季成都各级 AQI 频率分布

为了解成都污染天气持续状况,定义一次污染过程持续日数为从第一天达到污染标准到结束之前的日数,若一次污染过程从上一年持续到次年,记为上一年污染过程。对成都 2016—2019 年霾高发季,污染过程分为 1~2 d,3~5 d,大于 5 d,三种情况进行统计分析。如图 4.3 所示,大于 5 d 的连续性污染过程,逐年减少,由 2016 年的 6 次减小到 2019 年的 1 次,短时污染(1~2 d)增多,由 2017 年的 4 次增加到 2019 年的 8 次,3~5 d 的污染过程,在 3 至 5 次之间波动,无明显变化,这 4 年来污染过程最长持续时间为 16 d,发生在 2017 年 12 月 18 日至 2018 年 1 月 2 日,污染最高值发生在 2017 年 1 月 5 日,AQI 为 375。

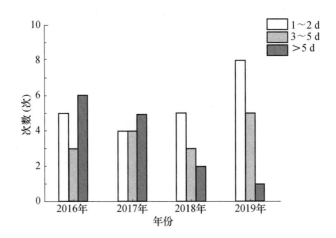

图 4.3　2016—2019 年霾高发季成都污染过程持续时间次数分布

4.1.5　天气分型与污染日的关系

当污染物排放呈准定常状态时,大气环流形势决定着气象要素和天气现象的分布与趋势,与大气污染密切相关(程月星 等,2017;王明洁 等,2018)。将污染日与天气型进行关联分析,研究两者的潜在联系,对 2016—2019 年霾高发季的污染日的天气形势发生概率进行统计研究,如图 4.4 所示,高压后部型所占比重最多,为46.98%,其他依次为均压场型(22.41%)>低压前部型(15.52%)>高压前部型(9.05%)>低压底部型(5.17%)>低压型(0.86%)。

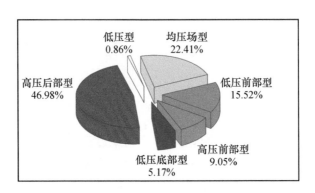

图 4.4　污染天气对应天气型的分布概率

由于各类环流类型出现的数量不同,必然会导致在污染天气中所占的比重不同,为消除样本数量的影响,定义 P_1 为某环流型下污染日数所占比例,P_2 为所有环流型下污染日数所占比例,若 $P_1/P_2>1$,表示某环流出现时,容易出现污染;若 $P_1/P_2<1$,表示某环流

出现时,不易出现污染(陈龙 等,2016)。P2 经计算为 0.48,其他统计分析如表 4.2 所示,低压型出现较少,但均为污染日,高压后部型污染日出现最多 109 d,但发生频率为 0.44,低于所有环流类型下污染日的平均水平 0.48,低压底部型出现仅 16 d,但污染频率高达 0.75,以上分析表明,当成都地区海平面气压环流类型为高压前部型、低压底部型、低压型和均压场型时容易出现污染天气,尤其是低压底部型和低压型发生频率最高。

表 4.2 各环流类型出现污染天气频率和 P_1 / P_2 统计

天气类型	环流型日数(d)	污染日数(d)	P_1	P_1/P_2
1 类:高压前部型	35	21	0.60	1.25
2 类:低压底部型	16	12	0.75	1.56
3 类:高压后部型	245	109	0.44	0.92
4 类:低压型	2	2	1.00	2.08
5 类:均压场型	95	52	0.55	1.15
6 类:低压前部型	88	36	0.41	0.85

环流类型对首要污染物的影响也有差异,对 2016—2019 年成都霾高发季每日首要污染物统计研究发现,首要污染物除 $PM_{2.5}$ 出现频次最多外,依次为 PM_{10}(54 d)>NO_2(37 d)>O_3(8 d)。由此可见,PM_{10} 是成都霾高发季另一个高发的首要污染物,而对应污染日以 PM_{10} 为首要污染物的天气类型仅有三种,分别为高压后部型、均压场型和低压前部型。

4.1.6 转折性天气特征研究

在大气污染防治工作中,尤其霾高发季重污染天气过程或连续污染过程发生时,政府和公众非常关注转折性天气,希望尽快结束重污染预警,取消重污染天气应急措施,恢复正常生产生活。而对于从事空气质量预报预警相关工作的科研人员,转折性天气也是研究工作的重点内容之一。

若 AQI 由上一天>100 的污染天气降为当天的 100 或 100 以下,则定义这一天为转折性天气。按照上述方法,统计得出 2016—2019 年成都霾高发季共有 50 d 转折性天气,其中高压前部型 2 d,高压后部型 27 d,均压场型 5 d,低压场前部型 16 d,由图 4.5 可见,转折性天气主要发生在高压后部型和低压前部型,两种天气型的占比达到转折性天气的 86%。

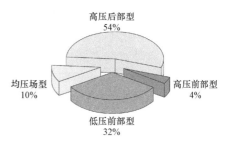

图 4.5 转折性天气中各天气型的分布频率

利用 ERA5 再分析数据 850 hPa 位势高度场和风场数据,进一步对转折性天气下两种海平面气压场天气类型进行研究。如图 4.6 所示,高压后部型成都地区在 850 hPa 位势高度场上位势高度为 153 dagpm,除川西高原外相对较高,四川以北为西北气流,在盆地北部转为东北风,进入盆地形成明显东北气流;低压前部型成都在850 hPa位势高度场上位势高度为145 dagpm,四川以北至内蒙古一带为高压带,高压外围有东北气流流向四川盆地,盆地最大风速可达10 m·s⁻¹,同时在华东至华南也存在一个高压带,高压外围有来自南海的西南气流流向四川东部重庆、贵州等地,西南气流风速高于东北气流,成都处在两高之间,两股气流的辐合区,东北冷空气和西南暖空气相遇,有利于降水天气的发生,降水频率为31.3%(表4.3),高于霾高发季的均值17.7%。

表 4.3 转折性天气下 3 类和 6 类天气型气象要素统计

天气类型	降水频率	平均风速(m·s⁻¹)	相对湿度(%)	日最大混合层高度均值(m)
3类:高压后部型	25.9%	1.68	78.0	987
6类:低压前部型	31.3%	2.18	74.3	725

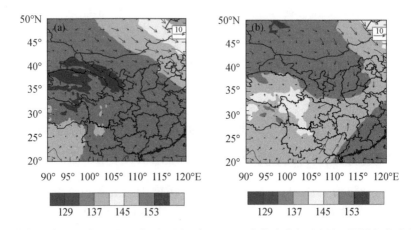

图 4.6 转折性天气下 3 类(a)和 6 类(b)天气型 850 hPa 位势高度场和风场(阴影部分为位势高度)

图 4.7 是运用成都温江站小时风向风速数据计算的转折性天气下高压后部型和低压前部型的地面风玫瑰图,两种天气型下成都地区主导风向均是北到东北向,N、NNE 和 NE 三种最高,三个风向频率相加分别占到 32.1%、44.4%,而静风频率分别为 4.3%、1.8%。高压后部型出现频率最多的风向是北风(N),为 12.8%,低压前部型为东北风(NE)16.45%,从风速大小的各分段频率来看,低压前部型风速在大风速段3.0~5.0 m·s⁻¹,>5 m·s⁻¹的占比明显多于高压后部型。两种天气型下,南风出现频率均较低,而南风多为暖湿气流,北风干冷,所以从表4.3可见,两种天气型受北-东北气流影响,相对湿度较低,分别为78.0%、74.3%。从降水频率来看,低压前部型(31.3%)>高压后部型(25.9%)>霾高发季均值(17.7%),在霾高发季,二者均算降水频率较高。从风速均值上来看,虽然高压后部型风速(1.68 m·s⁻¹)<低压前部型风速(2.18 m·s⁻¹),但高压后部型日最大混合层高度(987 m)>低压前部型日最大混合层高度(725 m)。

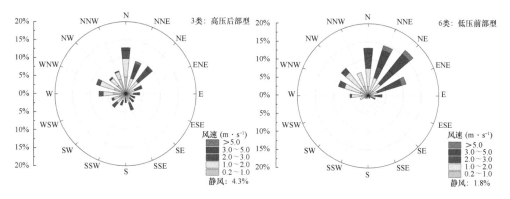

图 4.7　转折性天气下 3 类和 6 类地面风玫瑰图

4.2　通风系数

4.2.1　通风系数

四川盆地位于川西高原东侧、秦岭南侧,是我国霾日数最多的区域之一。在地形与污染源相对稳定的情况下,气象要素与大气污染物的稀释、扩散及清除具有密切的联系。近年来国内外的研究结果表明,大气污染与环流形式、大气稳定度、边界层高度、边界层内的风速与风向、相对湿度、逆温均有着密切联系(李培荣 等,2020)。其中,风对污染物的传输、扩散与清除的影响效果非常明显,边界层风场输送条件是影响污染物浓度的重要因子。近地面风以及单层的高空风已经不能满足大气环境预报的需求,近年来大量研究中开始应用能够反映近地层风场水平扩散能力的通风系数。

通风系数指一定高度层内累计水平风速的大小,可以用来表征水平方向上的风场对污染物的输送能力,国内外学者在研究中发现通风系数大小与空气质量呈正相关(Iyer U S et al. ,2013;Wu M et al. ,2013)。靳甜甜等(2018)计算了混合层高度内的通风系数与 700 m 高度内的通风系数的南北方向的分量,并在河北省多个市检验其应用效果,最后验证 700 m 高度内的通风系数表征效果更好。陈雨婷等(2019)在对成都地区空气污染气象指数适用性研究中发现通风系数与 $PM_{2.5}$ 浓度具有相关性。邓涛等(2014)对边界层气象因子进行研究并指出,地表通风系数与地面能见度的相关系数高达 0.88。陈镭等(2017)在针对上海地区的空气质量预报的研究基础之上,修正了边界层通风系数并本地化,结果表明,修正后的通风系数与 $PM_{2.5}$ 浓度的时间变化呈显著的负相关关系,指示意义更强。

由于四川盆地复杂下垫面结构与气候特征多样性,四川盆地内几大城市群的大气污染的预报需要更高的要求,地面气象要素已经不完全能满足预报需求。随着数值预报技术的进步,数值预报资料的准确性、时效性、分辨率都得到了提升,为通风系数的计算奠定了数据基础。本节采用了四川区域模式 SWC-WARMS 的高分辨率预报资料,计算了通风系数,并利用国家自动气象站气象观测资料、空气质量观测资料、探空资料综合分析了四川盆地霾高发季雾霾污染过程,检验通风系数在雾霾污染过程的预报效果。

4.2.2 资料与方法

在以往的研究中多采用地面观测资料探讨地面风场对污染物生消、传输的影响。然而污染物传输、扩散、清除、稀释不仅仅依靠地面风场或者单层的高空风,大气污染问题通常是区域性的整体大气污染状态,常规地面观测资料或者单站点的探空资料已经不能满足大气环境污染研究需求,亟待一个综合的物理量来反映近地层风场水平扩散能力。通风系数表示在一定的高度层内,在水平方向上、单位时间以及单位面积通过风量的多少,可以代表近地层风形成的水平扩散能力。通风系数的值越大越有利于污染物扩散,反之不利于污染物的扩散。此外,通风系数具有显著的季节性变化特征,主要表现为冬季较低而春夏季较高。这与当地的混合层高度与风场的变化特征基本一致。此外,通风系数也具有显著的单峰型日变化特征,峰值出现在 17:00 左右(李博 等,2018)。

在计算方法上,通风系数一般采用一定高度层内累计水平风速的大小来表示。近年来,随着数值预报技术的发展进步,数值预报资料可以提供近地面与对流层之间的多层风场,为通风系数的计算奠定了数据基础。本节采用了预报时效为 72 h、时间分辨率为 1 h、空间分辨率为 9 km 的四川区域模式 SWC-WARMS 的预报资料,计算 850 hPa 至近地面层的通风系数。通风系数的公式如式(4.1):

$$VI = \sum_{i=1}^{i=max} (h_i - h_{i-1}) \times V_i \tag{4.1}$$

其中,VI 为通风系数($m^2 \cdot s^{-1}$),i 为该时刻数据中垂直高度由低至高的第 i 层数据;h_i 为第 i 层数据所对应的垂直高度(m),V_i 为第 i 层数据对应的风速大小。

4.2.3 四川盆地霾高发季霾污染典型个例

4.2.3.1 污染概况

2020 年 12 月 20—28 日,受静稳天气形势影响,四川盆地出现了大范围的雾霾污染天气,空气质量指数超标,首要污染物为 $PM_{2.5}$(图 4.8)。2020 年 12 月 20 日,盆地东北部开始出现轻度污染。随着静稳天气的维持,四川盆地由北至南多个城市空气质量指数相继超标。12 月 24 日,污染过程逐渐发展成一个覆盖盆地范围的区域性污染。到了 28 日,盆地大部地区出现中度污染,成都、德阳、乐山、自贡、宜宾达到了重度污染。29 日,盆地大部市州的空气质量转为良,标志着污染过程结束。

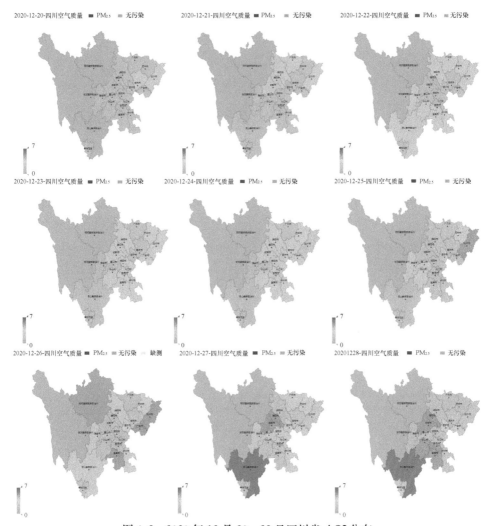

图 4.8　2020 年 12 月 20—28 日四川省 AQI 分布

4.2.3.2　环流形势

2020 年 12 月 20—28 日,500 hPa 高空环流形势稳定少变,受纬向西风气流影响,径向环流弱,中高纬度冷空气入侵少(图 4.9)。污染过程期间,四川盆地的海平面气压场主要表现为低压型、均压型。研究表明(杜筱筱 等,2021),当四川盆地出现低压型气压场时,四川外围被高压包围,形成环绕之势,不利于污染物的稀释扩散,配合四川盆地的特殊地形,易致污染物聚集;当四川盆地的海平面气压场为均压型时,高压中心到低压中心的缓慢过渡带,气压梯度小,易形成污染天气。随着乌山阻高外围高空槽携冷空气东移南下,冷空气在 28 日夜间开始影响到四川盆地,盆地大部地区风速显著升高,局部极大风速达到了 16 m·s^{-1}。冷空气对盆地内污染物的清除效果明显,29 日盆地大部市州的空气质量转为良,污染过程结束。

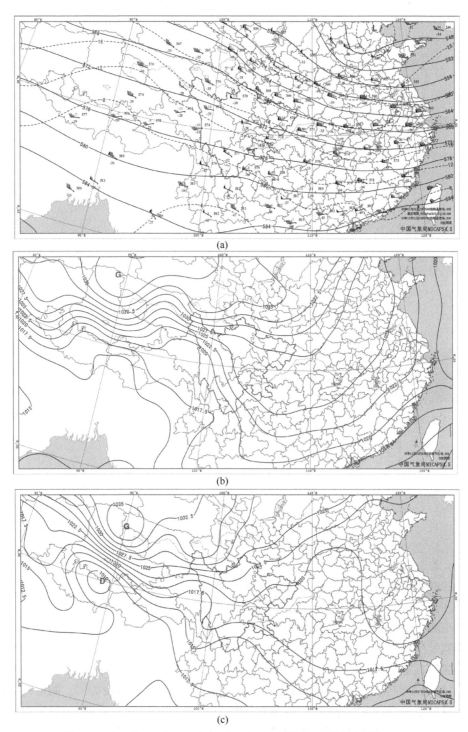

图 4.9　2020 年 12 月 21 日 20 时 500 hPa 高度场、温度场与风场(a)；
12 月 24 日 08 时地面气压场(b)；12 月 27 日 20 时地面气压场(c)

4.2.3.3　边界层特征

2020 年 12 月 20 日 08 时,从达州站的探空曲线可以看出,近地面出现贴地逆温,近地层为偏南风且风速较小,700 hPa 以下相对湿度较大,达州开始出现轻度污染。21—22 日,700 hPa 以下出现多层逆温,近地层高湿小风的状态维持。23 日,达州近地面的相对湿度稍微增大,多层逆温的状况被打破,但近地层的风速仍然小于 $2\ \mathrm{m\cdot s^{-1}}$。24—27 日,850 hPa 以下的相对湿度再次增大并接近饱和状态,700 hPa 以下出现多层逆温(图 4.10)。在这种高湿、逆温以及静风状态下,达州的空气质量维持在中度污染以及重度污染之间。

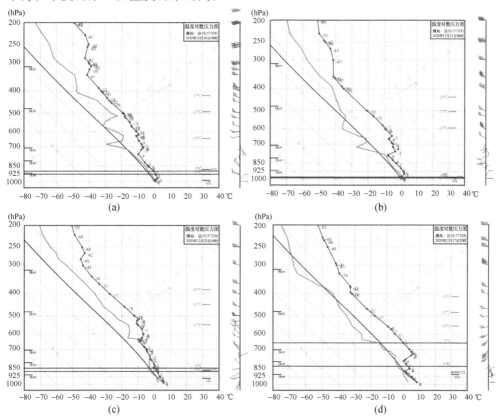

图 4.10　达州站 2020 年 12 月温度对数压力图
(a)20 日 08 时;(b)21 日 08 时;(c)23 日 08 时;(d)27 日 20 时

2020 年 12 月 21 日,温江站 700 hPa 以下为偏南风,近地面的风速较小、相对湿度较大,近地面存在贴地逆温且逆温强度较大,在高湿小风以及逆温条件下,成都开始出现轻度污染。23 日白天,850 hPa 以下风速偏小,低层大气暖平流活动旺盛,到了夜间再次出现贴地逆温,850 hPa 以下为静风状态,近地层的逆温以及静风状态一直维持到了 25 日早晨。在不利的扩散条件下,污染物逐渐累积增长,成都在 25 日达到了中度污染。27—28 日,成都达到了重度污染,从图 4.11 可以看出 700 hPa 以下存在多层逆温,整层大气湿度接近饱和,近地层的风速基本为零。

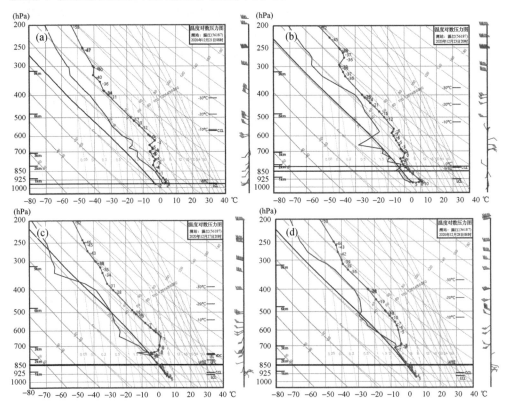

图 4.11   温江站 2020 年 12 月温度对数压力图
(a)21 日 08 时;(b)23 日 20 时;(c)27 日 20 时;(d)28 日 08 时

2020 年 12 月 22 日,宜宾站 700 hPa 以下相对湿度明显增大,850 hPa 以下为偏南风且风速小于 2 m·s⁻¹,宜宾开始出现轻度污染。23 日 20 时,700 hPa 以下风向随高度顺时针旋转,表明 23 日夜间宜宾近地面存在暖平流活动。高湿以及小风状态持续维持,宜宾轻度污染的状况也持续维持。27—28 日,700 hPa 以下相对湿度接近饱和,925 hPa 以下的风速基本为零,宜宾由中度污染转为重度污染(图 4.12)。

4.2.3.4   通风系数预报效果

由 2020 年 12 月 19 日 20 时预报的四川省通风系数可知(图 4.13),12 月 20 日上午,盆地的通风扩散条件较差,盆地 850 hPa 出现以盆地东北部为中心的反气旋环流,盆地大部地区通风系数小于 7×10³ m²·s⁻¹,850 hPa 风速小于 2 m²·s⁻¹,达州开始出现轻度污染。12 月 22 日,盆地大部地区通风系数维持在 7×10³ m²·s⁻¹,850 hPa 被偏南气流控制,风速小于 2 m·s⁻¹。23 日上午,盆地西北部的通风扩散条件略有好转,通风系数显著增大到 17×10^3 m$^2\cdot$s^{-1},850 hPa 风速也达到 4 m$\cdot$s^{-1}。24—28 日,扩散条件进一步转差,盆地大部分时段 850 hPa 以偏南风为主,风速小于 2 m$\cdot$s^{-1}。通风系数介于 $3\times10^3\sim9\times10^3$ m$^2\cdot$s^{-1} 之间,污染过程在这个阶段逐渐发展成覆盖盆地范围的区域性污染,28 日盆地大部地区出现中度污染,成都、德阳、乐山、自贡、宜宾 5 市达到了重度污染。

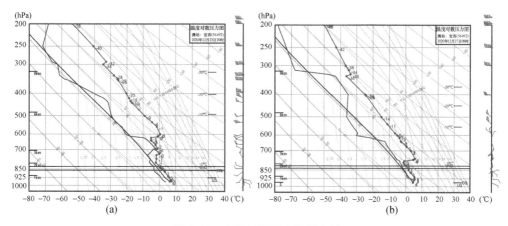

图 4.12　宜宾站温度对数压力图

(a)2020 年 12 月 23 日 20 时;(b)12 月 27 日 08 时

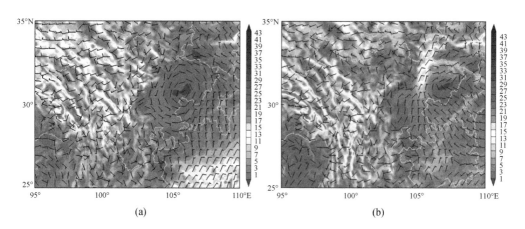

图 4.13　四川省通风系数与 850 hPa 风场

(a)2020 年 12 月 19 日 20 时预报的 12 月 20 日 08 时;(b)12 月 23 日 08 时

(由于通风系数的量级较大,对色标标注做了乘以 10^{-3} 的处理,下同)

不利的通风扩散条件一直维持到了 28 日,28 日夜间冷空气由盆地西北部入侵,扩散条件开始好转。在 2020 年 12 月 27 日 20 时预报的 28 日 20 时的通风系数预报图上可以看到(图 4.14),盆地 850 hPa 转为东北风,盆地西北部的通风系数显著增大。随着北方冷空气逐渐向盆地内部入侵,到了 29 日 08 时,盆地大部地区的通风系数已经达到 $29×10^3$ $m^2 \cdot s^{-1}$,850 hPa 上东北风的影响范围已经达到盆地南部,除了盆地南部个别市州,盆地上空 850 hPa 的风速可以达到 $6 \sim 10$ $m \cdot s^{-1}$,盆地大部市州的空气质量转为良,标志着此次雾霾污染过程结束。

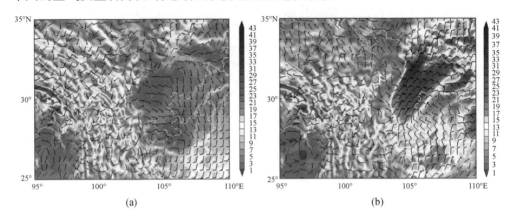

图 4.14　四川省通风系数与 850 hPa 风场

(a)2020 年 12 月 27 日 20 时预报的 12 月 28 日 20 时;(b)12 月 29 日 08 时

4.2.3.5　小结

2020 年 12 月 20—28 日,受静稳天气形势的影响,四川盆地出现了大范围的雾霾污染天气,空气质量指数超标,首要污染物为 $PM_{2.5}$。随着静稳天气的维持,污染过程逐渐发展成一个覆盖盆地范围的区域性污染。盆地大部地区出现中度污染,成都、德阳、乐山、自贡、宜宾达到了重度污染。本节利用四川区域模式 SWC-WARMS 的预报资料计算了通风系数,并结合国家自动气象站气象观测资料、空气质量观测资料、探空资料综合分析了本次区域性污染过程,检验通风系数在污染过程中的预报效果。

污染过程期间,500 hPa 高空环流形势稳定少变,受纬向西风气流影响,径向环流弱,中高纬冷空气入侵少。海平面气压场主要表现为低压型、均压型。12 月 28 日,随着乌山阻高外围高空槽携冷空气东移南下,在 28 日夜间开始影响到四川盆地,随着冷空气的侵入,盆地大部地区风速显著升高,空气质量转为优良。

分别以达州、温江、宜宾三个探空站的探空曲线来代表整个盆地,可以发现污染过程期间盆地 850 hPa 以下多为静风状态,风向以偏南风为主,暖平流活动旺盛。大气表现为上干下湿的状态,过程期间出现了多次贴地逆温甚至多层逆温。近地层高湿度、逆温与小风速的维持有利于污染物的吸湿增长,不利于污染物的稀释扩散与清除。

通风系数对此次污染过程的开始、累积、清除阶段均有较好的预报效果,能详细的反映污染生消过程中的通风扩散特征。在此次过程开始的阶段,通风扩散条件开始转差:通风系数低于 $7×10^3$ $m^2 \cdot s^{-1}$,850 hPa 风速多为偏南风,风速小于 2 $m \cdot s^{-1}$;

污染积累阶段,通风扩散条件进一步变差:通风系数低至 3×10^3 m²·s⁻¹,850 hPa 风速小于 2 m·s⁻¹,且存在小范围的气旋性环流;污染清除阶段,通风扩散条件显著转好,850 hPa 上东北风由北向南逐渐入侵盆地,风速达到 6~10 m·s⁻¹。盆地大部地区的通风系数达到 29×10^3 m²·s⁻¹。

4.3　基于 BP 神经网络的空气质量预报优化方法

神经网络的空气污染预报模型是利用半经验的结果分析出污染物的变化趋势,只要有充足的数据,就可以进行短期实时预报。Mok 等(1998)采用 BP 网络对澳门短期 SO_2 的浓度进行预测,两个模型的误差分别为 13.71% 和 14.45%,结果表明,即使在训练数据十分有限的情况下,BP 神经网络仍然有较高的预测精度。郭庆春等(2012)建立了基于 BP 神经网络的空气污染指数非线性时间序列预报模型用于预测宝鸡市空气污染指数,仿真结果表明,该模型泛化能力强,精确度高,能较好地预测宝鸡市日空气污染指数。闫妍等(2013)基于 BP 神经网络并合未来一周天气预报,建立环境空气质量预测模型,预测大气污染物浓度,预测的 $PM_{2.5}$ 浓度与实况数据相关性较好。

根据空气质量与地面气象要素的关系分析中的结果获得影响空气质量的敏感气象因子(气温、风、降水),并从 2019 年 4 月—2020 年 4 月欧洲中心数值预报产品中获得数据,结合同时期空气质量监测实况和中国气象局下发空气质量预报指导产品,基于 BP 神经网络对成都市空气质量预报优化方法进行研究,对污染物质量浓度进行预报,并根据原国家环境保护部发布的《环境空气质量指数(AQI)技术规定(试行)》(HJ 633 —2012)计算 AQI 指数、AQI 等级和首要污染物。最后利用空气质量监测实况数据,对神经网络预报的污染物质量浓度进行误差分析,并根据中国气象局应急减灾与公共服务司下发的气减函〔2014〕62 号文件中《城市空气质量预报检验评估和考核办法》,对优化前后的空气质量预报评分进行计算,对预报结果进行检验评估。

4.3.1　BP 神经网络介绍

BP 神经网络也称误差反向传播算法(Error Back-propagation),其学习过程由信号的正向传播和误差的反向传播组成。正向传播时,输入样本从输入层进入网络,经隐含层逐层传递至输出层,如果输出层的实际输出与期望输出不同,则转至误差反向传播;如果输出层的实际输出与期望输出相同,结束学习算法。经过信号正向传播与误差反向传播,权值和阈值的调整反复进行,一直进行到预先设定的学习训练次数,或输出误差减小到允许的程度。BP 神经网络的结构示意图如图 4.15 所示,包括输入层、隐含层和输出层。

对于隐含层,有:

$$y_j = f(\text{net}_j), j=1,2,\cdots,m \tag{4.2}$$

$$\text{net}_j = \sum_{i=0}^{m} v_{ij} \boldsymbol{x}_i, j = 1,2,\cdots,m \tag{4.3}$$

对于输出层,有:

$$o_k = f(\text{net}_k), k=1,2,\cdots,l \tag{4.4}$$

其中,net 为一个神经网络;$\boldsymbol{x}$ 为输入层的输入矢量;$\boldsymbol{y}$ 为隐含层的输出矢量;$\boldsymbol{o}$ 为输出层的输出矢量;v 为隐含层与输入层之间的权值;

$$\text{net}_k = \sum_{j=0}^{m} w_{jk} y_j, k = 1,2,\cdots,l \tag{4.5}$$

其中,w 为输出层与隐含层之间的权值,i、j、k 分别为输入层,隐含层和输出层神经元个数。

式(4.2)和式(4.4)中,激励函数 $f(x)$ 选择单极性 Sigmoid 函数

$$f(x) = \frac{1}{1+\text{e}^{-x}} \tag{4.6}$$

当学习样本的网络实际输出 o_k 与期望输出 d_k 不等时,定义如下的输出误差:

$$E = \frac{1}{2} \sum_{k=1}^{l} (d_k - o_k)^2 \tag{4.7}$$

将以上误差定义式展开至隐含层,有:

$$E = \frac{1}{2} \sum_{k=1}^{l} [d_k - f(\text{net}_k)]^2 = \frac{1}{2} \left[d_k - f\left(\sum_{j=0}^{m} w_{jk} y_j \right) \right]^2 \tag{4.8}$$

进一步展开至输入层,有:

$$\begin{aligned} E &= \frac{1}{2} \sum_{k=1}^{l} \left\{ d_k - f\left[\sum_{j=0}^{m} w_{jk} f(\text{net}_j) \right] \right\}^2 \\ &= \frac{1}{2} \sum_{k=1}^{l} \left\{ d_k - f\left[\sum_{j=0}^{m} w_{jk} f\left(\sum_{i=0}^{n} v_{ij} x_j \right) \right] \right\}^2 \end{aligned} \tag{4.9}$$

由上式可以看出,网络输出误差是各层权值 w_{jk}、v_{ij} 的函数,因此调整权值可以改变网络输出误差 E。

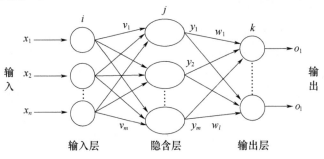

图 4.15 BP 神经网络结构示意图

4.3.2 基于 BP 神经网络的空气质量预报优化模型建立

基于 BP 神经网络的空气质量预报优化模型结构示意图如图 4.16,模型输入层包括确定的敏感气象因子(气温、风、降水)、中国气象局下发空气质量预报指导产品(污染物质量浓度)、空气质量监测实况(污染物质量浓度)等,输出层为神经网络订正后的污染物质量浓度,污染物项目包括 $PM_{2.5}$、PM_{10}、O_3、NO_2、SO_2、CO 6 种。然后,根据订正后的污染物质量浓度和《环境空气质量指数(AQI)技术规定(试行)》(HJ 633−2012)计算 AQI 指数、AQI 等级和首要污染物。

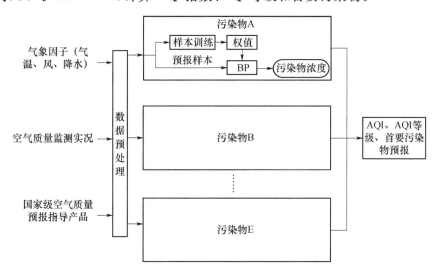

图 4.16 基于 BP 神经网络的空气质量预报优化模型结构示意图

数据预处理

多维输入样本属于不同的量纲,且数量级相差较大时,必须将各输入参数进行归一化处理,避免由于数量级的差异影响网络识别精度。采用比例压缩法将输入参数归一化到 0~1 之间,公式为:

$$T = T_{\min} + \frac{T_{\max} - T_{\min}}{X_{\max} - X_{\min}}(X - X_{\min}) \qquad (4.10)$$

式中,X 为原始数据;$X_{\max}$,$X_{\min}$ 分别为原始数据的最大值和最小值;T 为变换后的数据,也称目标数据;$T_{\max}$,$T_{\min}$ 为目标数据的最大值和最小值。网络运行后,数据的还原公式为:

$$X = X_{\min} + \frac{X_{\max} - X_{\min}}{T_{\max} - T_{\min}}(T - T_{\min}) \qquad (4.11)$$

样本训练参数及流程

批训练 BP 算法流程图如图 4.17 所示,步骤如下:

(1)初始化。对权值矩阵 w、v 赋随机数,将样本模式计数器 p 和训练次数计数器 q 置为 1,误差 E 置为 0,网络训练后期望达到的精度 E_{min} 设为一正的小数。

(2)输入训练样本对,计算各层输出。

(3)计算网络的总误差 E。设共有 P 对训练样本,所有样本输入之后,可用 $E = \frac{1}{2}\sum_{p=1}^{P}\sum_{k=1}^{l}(d_k^p - o_k^p)^2$ 计算网络的总误差,也可以用平均误差 $E = \frac{1}{2P}\sum_{p=1}^{P}\sum_{k=1}^{l}(d_k^p - o_k^p)^2$ 作为网络的总误差。

(4)调查是否对所有样本完成一次轮训。若 $p < P$,样本模式计数器 p 增加 1,返回步骤(2),否则转至步骤(5)。

(5)计算各层误差信号。

(6)调整各层权值。

(7)计数器 q 增加 1。

(8)检查网络总误差是否达到精度要求。若 $E \leqslant E_{min}$,训练结束;否则 E 置 0,p 置 1,返回步骤(2)。

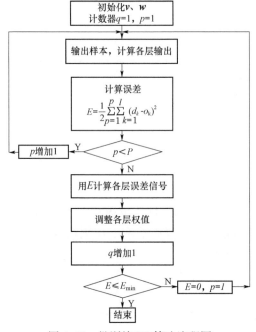

图 4.17 批训练 BP 算法流程图

BP 神经网络输入因子(包括 5 项)

(1)预报日前一日(00—23 时,北京时,下同)污染物日平均质量浓度。

(2)预报日国中国气象局下发的污染物质量浓度(20 时起报,未来 24 h,故预报时段为 20—20 时)。

(3)预报日欧洲中心数值预报产品中的地面气温。

(4)预报日欧洲中心数值预报产品中的地面降水量。

(5)预报日利用欧洲中心数值预报产品中 UV 风计算的 850 hPa 气压层以下高度层的通风量。

故输入节点数为 5。计算污染物质量浓度日平均值时,先采用成都市内有效空气质量监测站小时数据做区域平均,再根据《环境空气质量指数(AQI)技术规定(试行)》(HJ 633－2012)表 3 计算日平均值,其中灵岩寺站是成都市的清洁背景站,不参与计算。

采用一个隐含层,隐含层节点数为 7,学习速率为 0.05,目标误差为 0.01,最大训练次数为 5000,传递函数为 purelin(线性传递函数)。

输出节点数为 1,其值为预报时段(20—20 时)污染物日平均质量浓度,检验值为实况数据计算的污染物日平均质量浓度。

考虑到各种输入参数的缺失问题,样本训练采用两种方案:一是采用预报日前连续 30 d(有效样本数至少 20 个)的历史数据资料作为网络训练样本;二是采用预报日前不连续 30 d(保证 30 个有效样本)的历史数据资料作为网络训练样本。以此获得最优网络权值和阈值参数,检验值为预报时段污染物日平均质量浓度实况数据。输入预报日的神经网络输入因子就可以获得预报日的各项污染物质量浓度订正值,在分析时段内以此类推。网络每订正一次,网络权值和阈值自动更新一次,即在网络订正的过程中,每订正一天的各项污染物质量浓度后,神经网络会接收来自当天污染物质量浓度实况数据和对应欧洲中心数值预报产品中的气象因子,剔除时间最久的样本,重新建立新的学习样本,再进行训练以改变网络权重,不断滚动循环,网络权值和阈值不断更新,以适应大气环境条件的变化。

4.3.3　AQI 指数、AQI 等级和首要污染物计算

根据《环境空气质量指数(AQI)技术规定(试行)》(HJ 633－2012),采用网络订正后的污染物质量浓度计算 AQI 指数、AQI 等级和首要污染物。

污染物项目 P 的空气质量分指数(IAQI$_P$)按式(4.12)计算:

$$IAQI_P = \frac{IAQI_{Hi} - IAQI_{Lo}}{BP_{Hi} - BP_{Lo}}(C_P - BP_{Lo}) + IAQI_{Lo} \qquad (4.12)$$

根据《环境空气质量指数(AQI)技术规定(试行)》(HJ 633－2012)中表 1 进行划分,式中,C_P 为污染物项目 P 的质量浓度值,BP_{Hi} 为与 C_P 相近的污染物浓度限值的高位值,BP_{Lo} 为与 C_P 相近的污染物浓度限值的低位值,$IAQI_{Hi}$ 为与 BP_{Hi} 对应的空气质量分指数,$IAQI_{Lo}$ 为与 BP_{Lo} 对应的空气质量分指数。

空气质量指数按公式(4.13)计算:

$$AQI = \max\{IAQI_1, IAQI_2, IAQI_3, \ldots, IAQI_n\} \qquad (4.13)$$

式中，IAQI 为空气质量分指数；n 为污染物项目。

空气质量指数级别根据《环境空气质量指数（AQI）技术规定（试行）》（HJ 633 —2012)中表 2 进行划分。AQI 大于 50 时，IAQI 最大的污染物为首要污染物，若 IAQI 最大的污染物为两项或两项以上时，并列为首要污染物。

4.3.4 预报结果检验评估

4.3.4.1 误差分析

利用预报时段空气质量实况数据对模型订正的各污染物质量浓度进行误差分析，分析参数包括：相关系数(R)、平均偏差(B_{ias})、平均绝对误差(M_{ad})、平均相对偏差(RMB)、平均相对误差(RMAE)，计算公式如下：

相关系数：

$$R = \frac{\sum\limits_{i=1}^{n}(x_i - \bar{x})(y_i - \bar{y})}{\sqrt{\sum\limits_{i=1}^{n}(x_i - \bar{x})^2 \cdot \sum\limits_{i=1}^{n}(y_i - \bar{y})^2}} \tag{4.14}$$

平均偏差(SO_2、$PM_{2.5}$、PM_{10}、O_3、NO_2 的单位为 $\mu g \cdot m^{-3}$，CO 的单位为 $mg \cdot m^{-3}$)：

$$B_{ias} = \left[\sum\limits_{i=1}^{n}(x_i - y_i)\right]/n \tag{4.15}$$

平均绝对误差(SO_2、$PM_{2.5}$、PM_{10}、O_3、NO_2 的单位为 $\mu g \cdot m^{-3}$，CO 的单位为 $mg \cdot m^{-3}$)：

$$M_{ad} = \left[\sum\limits_{i=1}^{n}|x_i - y_i|\right]/n \tag{4.16}$$

平均相对偏差(%)：

$$RMB = \frac{\frac{1}{n}\sum\limits_{t=1}^{n}(x_t - y_t)}{\bar{y}} \tag{4.17}$$

$$\bar{y} = \frac{1}{n}\sum\limits_{t=1}^{n}y_t \tag{4.18}$$

平均相对误差(%)：

$$RMAE = \frac{\frac{1}{n}\sum\limits_{t=1}^{n}|x_t - y_t|}{\bar{y}} \tag{4.19}$$

其中，n 为有效样本数；x 代表国家级空气质量预报值和网络模型输出值；y 代表实测值。

通过建立的 BP 神经网络对 2019 年 4 月、10 月国家级空气质量预报数据中的 6 项污染物($PM_{2.5}$、PM_{10}、O_3、NO_2、SO_2、CO)日平均质量浓度进行订正，并计算 AQI 指数、AQI 等级和首要污染物，然后与实际监测的质量浓度比较。

图 4.18 和图 4.19 分别为方案一和方案二订正前后的 CO 质量浓度与实测值散点图,从图中可以看到,订正前的 CO 质量浓度与实测值的散点明显向下偏离对称线,说明订正前的 CO 质量浓度相对于网络输出值和实测值偏大很多;经神经网络订正后的 CO 质量浓度与实测 CO 质量浓度的散点分布在对称线附近,说明订正值与实测值比较接近,方案二相对于方案一离散点更多,整体上来看方案一的订正效果优于方案二。根据表 4.4 的误差参数,方案一样本数为 161 d,方案二样本数为 225 d,方案一订正后的平均相对误差由订正前的 198.68% 减小为 15.50%,方案二由订正前的 194.84% 减小为 29.58%,进一步说明经神经网络订正后的 CO 质量浓度与实测值更接近,方案一的订正效果优于方案二。此外方案一的平均偏差和平均相对偏差为正值,说明整体上订正后的 CO 质量浓度比实测值偏大,方案二的平均偏差和平均相对偏差为负值,说明整体上订正后的 CO 质量浓度比实测值偏小。

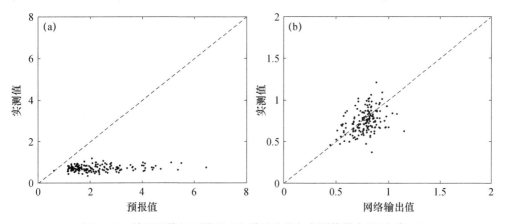

图 4.18　神经网络订正前后 CO 质量浓度与实测值散点图(方案一)

(a)订正前;(b)订正后

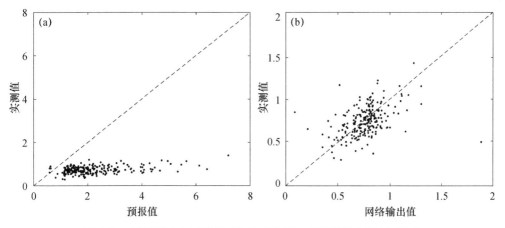

图 4.19　神经网络订正前后 CO 质量浓度与实测值散点图(方案二)

(a)订正前;(b)订正后

表 4.4　神经网络订正前后 CO 质量浓度与实测值误差分析参数

误差分析参数	方案一		方案二	
	订正前	订正后	订正前	订正后
样本数	161	161	225	225
相关系数	0.14	0.37	0.36	0.03
平均偏差($mg \cdot m^{-3}$)	1.50	0.03	1.47	−0.07
平均绝对误差($mg \cdot m^{-3}$)	1.50	0.12	1.47	0.22
平均相对偏差(%)	198.64	0.04	194.03	−9.54
平均相对误差(%)	198.68	15.50	194.84	29.58

　　图 4.20 和图 4.21 分别为方案一和方案二订正前后的 SO_2 质量浓度与实测值散点图,从图中可以看到,订正前的 SO_2 质量浓度与实测值的散点明显向下偏离对称线,说明订正前的 SO_2 质量浓度相对于网络输出值和实测值偏大很多;经神经网络订正后的 SO_2 质量浓度与实测 SO_2 质量浓度的散点分布在对称线附近,说明订正值与实测值比较接近,方案二相对于方案一离散点更多,整体上来看方案一的订正效果优于方案二。根据表 4.5 的误差参数,方案一订正后的平均相对误差由订正前的176.44%减小为 22.43%,方案二由订正前的 154.68%减小为 30.91%,进一步说明经神经网络订正后的 SO_2 质量浓度与实测值更接近,方案一的订正效果优于方案二。此外方案一和方案二的平均偏差和平均相对偏差为正值,说明整体上订正后的 SO_2 质量浓度比实测值偏大。

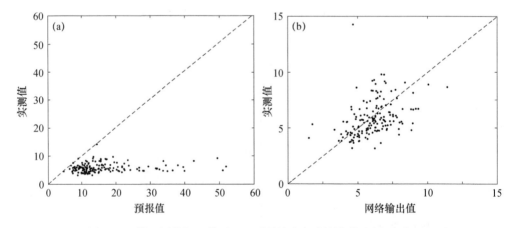

图 4.20　神经网络订正前后 SO_2 质量浓度与实测值散点图(方案一)

(a)订正前;(b)订正后

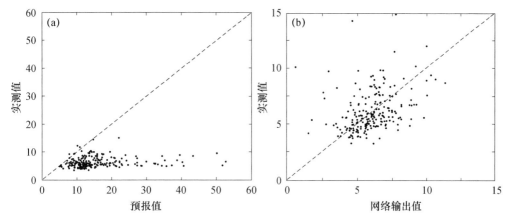

图 4.21　神经网络订正前后 SO_2 质量浓度与实测值散点图（方案二）

(a)订正前；(b)订正后

表 4.5　神经网络订正前后 SO_2 质量浓度与实测值误差分析参数

误差分析参数	方案一		方案二	
	订正前	订正后	订正前	订正后
样本数	161	161	225	225
相关系数	0.12	0.30	0.11	0.14
平均偏差($\mu g \cdot m^{-3}$)	10.54	0.11	9.51	0.27
平均绝对误差($\mu g \cdot m^{-3}$)	10.54	1.34	9.55	1.91
平均相对偏差(%)	176.43	1.92	154.03	4.40
平均相对误差(%)	176.44	22.43	154.68	30.91

　　图 4.22 和图 4.23 分别为方案一和方案二订正前后的 NO_2 质量浓度与实测值散点图，从图中可以看到，订正前的 NO_2 质量浓度与实测值的散点存在较多向下偏离对称线的点，说明订正前的 NO_2 质量浓度相对于网络输出值和实测值偏大；经神经网络订正后的 NO_2 质量浓度与实测 NO_2 质量浓度的散点分布在对称线附近，说明订正值与实测值比较接近，方案二相对于方案一偏离对称线的离散点更多，整体上来看方案一的订正效果优于方案二。根据表 4.6 的误差参数，方案一订正后的平均相对误差由订正前的 45.28% 减小为 24.65%，方案二由订正前的 42.26% 减小为 31.91%，进一步说明经神经网络订正后的 NO_2 质量浓度与实测值更接近，且方案一的订正效果优于方案二。此外方案一和方案二的平均偏差和平均相对偏差为正值，说明整体上订正后的 NO_2 质量浓度比实测值偏大。

　　图 4.24 和图 4.25 分别为方案一和方案二订正前后的 O_3 质量浓度与实测值散点图，从图中可以看到，订正前后的 O_3 质量浓度与实测 O_3 质量浓度的散点均分布在对称线附近，但订正后的分布趋势更一致，方案二相对于方案一偏离对称线的离散点更多，整体上来看方案一的订正效果优于方案二。根据表 4.7 的误差参数，方案一

订正后的平均相对误差由订正前的 33.67% 减小为 26.19%，方案二由订正前的 33.42% 增大为 39.41%，进一步说明经方案一订正后的 O_3 质量浓度与实测值更接近，经方案二订正后误差反而比订正前大。此外方案一和方案二的平均偏差和平均相对偏差为负值，说明整体上订正后的 O_3 质量浓度比实测值偏小。

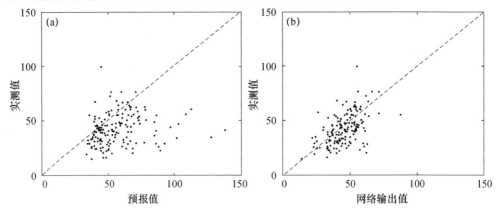

图 4.22　神经网络订正前后 NO_2 质量浓度与实测值散点图(方案一)

(a)订正前；(b)订正后

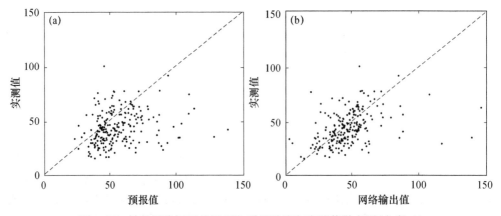

图 4.23　神经网络订正前后 NO_2 质量浓度与实测值散点图(方案二)

表 4.6　神经网络订正前后 NO_2 质量浓度与实测值误差分析参数

误差分析参数	方案一		方案二	
	订正前	订正后	订正前	订正后
样本数	161	161	225	225
相关系数	0.18	0.53	0.23	0.36
平均偏差($\mu g \cdot m^{-3}$)	15.44	2.92	12.63	2.05
平均绝对误差($\mu g \cdot m^{-3}$)	18.84	10.25	17.98	13.58
平均相对偏差(%)	37.13	7.03	29.67	4.81
平均相对误差(%)	45.28	24.65	42.26	31.91

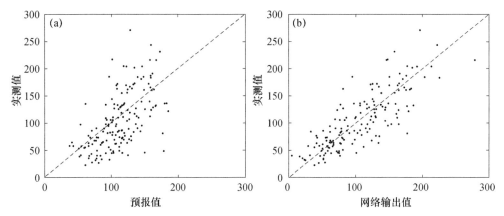

图 4.24　神经网络订正前后 O_3 质量浓度与实测值散点图(方案一)

(a)订正前;(b)订正后

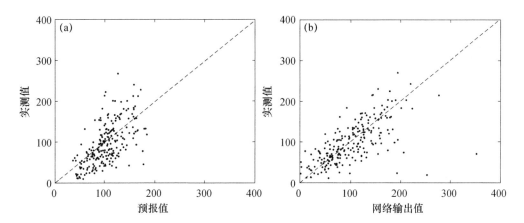

图 4.25　神经网络订正前后 O_3 质量浓度与实测值散点图(方案二)

(a)订正前;(b)订正后

表 4.7　神经网络订正前后 O_3 质量浓度与实测值误差分析参数

误差分析参数	方案一		方案二	
	订正前	订正后	订正前	订正后
样本数	161	161	225	225
相关系数	0.58	0.78	0.62	0.36
平均偏差($\mu g \cdot m^{-3}$)	8.60	−1.79	7.13	−4.47
平均绝对误差($\mu g \cdot m^{-3}$)	34.54	26.86	32.35	38.15
平均相对偏差(%)	8.39	−1.74	7.37	−4.62
平均相对误差(%)	33.67	26.19	33.42	39.41

图 4.26 和图 4.27 分别为方案一和方案二订正前后的 $PM_{2.5}$ 质量浓度与实测值散点图,从图中可以看到,订正前后的 $PM_{2.5}$ 质量浓度与实测 $PM_{2.5}$ 质量浓度的散点均分布在对称线附近,但订正后的分布趋势更一致,方案二相对于方案一偏离对称线的离散点更多,整体上来看方案一的订正效果优于方案二。根据表 4.8 的误差参数,方案一订正后的平均相对误差由订正前的 34.29% 减小为 33.04%,方案二由订正前的 35.47% 增大为 51.54%,进一步说明经方案一订正后的 $PM_{2.5}$ 质量浓度与实测值更接近,经方案二订正后误差反而比订正前大。此外方案一的平均偏差和平均相对偏差为正值,说明整体上订正后的 $PM_{2.5}$ 质量浓度比实测值偏大,方案二的平均偏差和平均相对偏差为负值,说明整体上订正后的 $PM_{2.5}$ 质量浓度比实测值偏小。

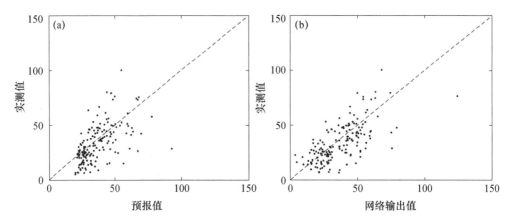

图 4.26　神经网络订正前后 $PM_{2.5}$ 质量浓度与实测值散点图(方案一)

(a)订正前;(b)订正后

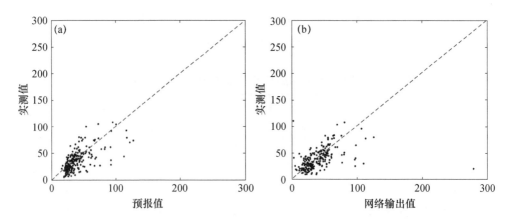

图 4.27　神经网络订正前后 $PM_{2.5}$ 质量浓度与实测值散点图(方案二)

(a)订正前;(b)订正后

表 4.8　神经网络订正前后 PM$_{2.5}$ 质量浓度与实测值误差分析参数

误差分析参数	方案一		方案二	
	订正前	订正后	订正前	订正后
样本数	161	161	225	225
相关系数	0.57	0.69	0.66	0.08
平均偏差(μg·m^{-3})	3.93	3.07	4.98	−1.14
平均绝对误差(μg·m^{-3})	11.59	11.17	12.84	18.65
平均相对偏差(%)	11.64	9.08	13.77	−3.15
平均相对误差(%)	34.29	33.04	35.47	51.54

　　图 4.28 和图 4.29 分别为方案一和方案二订正前后的 PM$_{10}$ 质量浓度与实测值散点图,从图中可以看到,订正前后的 PM$_{10}$ 质量浓度与实测 PM$_{10}$ 质量浓度的散点均分布在对称线附近,但订正后的分布趋势更一致,方案二相对于方案一偏离对称线的离散点更多。结合表 4.9 的误差参数分析,两种方案订正后的平均相对误差相对于订正前均增大,采用的神经网络订正方案对 PM$_{10}$ 质量浓度基本没有订正效果。

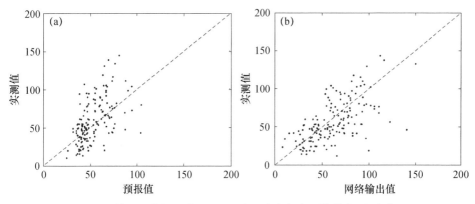

图 4.28　神经网络订正前后 PM$_{10}$ 质量浓度与实测值散点图(方案一)

(a)订正前;(b)订正后

　　图 4.30 和图 4.31 分别为方案一和方案二订正前后的污染物质量浓度计算的 AQI 与实测污染物质量浓度计算的 AQI 散点图,从图中可以看到,订正前后计算 AQI 与实测 AQI 的散点均分布在对称线附近,但订正后的分布趋势更一致,方案二相对于方案一偏离对称线的离散点更多,整体上来看方案一的订正效果优于方案二。根据表 4.10 的误差参数,方案一订正后的平均相对误差由订正前的 34.03% 减小为 24.79%,方案二由订正前的 33.27% 减小为 32.77%,进一步说明经方案一订正后计算的 AQI 与实测 AQI 更接近。

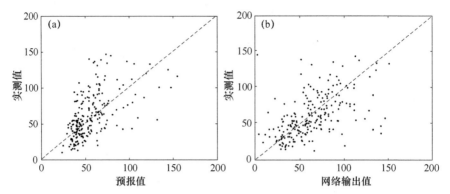

图 4.29　神经网络订正前后 PM$_{10}$ 质量浓度与实测值散点图(方案二)

(a)订正前；(b)订正后

表 4.9　神经网络订正前后 PM$_{10}$ 质量浓度与实测值误差分析参数

误差分析参数	方案一		方案二	
	订正前	订正后	订正前	订正后
样本数	161	161	225	225
相关系数	0.54	0.64	0.56	0.19
平均偏差($\mu g \cdot m^{-3}$)	−5.04	4.06	−4.04	0.76
平均绝对误差($\mu g \cdot m^{-3}$)	18.23	18.44	19.79	29.07
平均相对偏差(%)	−8.78	7.08	−6.65	0.01
平均相对误差(%)	31.77	32.13	32.58	47.87

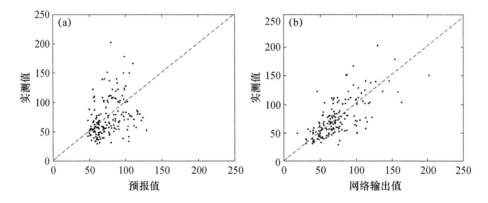

图 4.30　神经网络订正前后计算与实测值计算的 AQI 散点图(方案一)

(a)订正前；(b)订正后

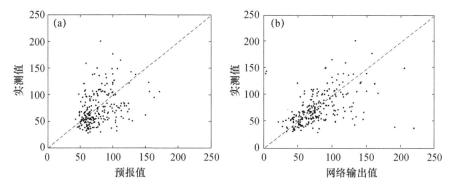

图 4.31   神经网络订正前后计算与实测值计算的 AQI 散点图(方案二)

(a)订正前;(b)订正后

表 4.10   神经网络订正前后计算与实测值计算的 AQI 误差分析参数

误差分析参数	方案一		方案二	
	订正前	订正后	订正前	订正后
样本数	161	161	225	225
相关系数	0.32	0.69	0.36	0.29
平均偏差	3.55	1.13	3.30	4.79
平均绝对误差	25.19	18.35	24.72	24.35
平均相对偏差(%)	4.79	1.53	4.44	6.44
平均相对误差(%)	34.03	24.79	33.27	32.77

当 AQI 等级预报与实况完全一致时为正确预报,AQI 等级预报准确率定义为某个时间段内,正确预报天数所占的比例。经神经网络订正前后 AQI 等级预报准确率如表 4.11,方案一样本数为 161 d,AQI 等级预报准确率提高了 37.84%,方案二样本数为 225 d,AQI 等级预报准确率提高了 20.18%。

表 4.11   神经网络订正前后 AQI 等级预报准确率

	方案一	方案二
样本数	161	225
订正前	45.62	49.78
订正后	60.87	59.82
增长百分比(%)	37.84	20.18

首要污染物预报与实况完全一致时为正确预报,首要污染物预报准确率定义为某个时间段内,正确预报天数所占的比例。当 AQI 实况为一级即没有首要污染物时,无预报视为正确,否则视为错误。经神经网络订正前后首要污染物预报准确率如表 4.12,方案一首要污染物预报准确率提高了 44.78%,方案二首要污染物预报准

确率提高了 28.83%。

表 4.12　神经网络订正前后首要污染物预报准确率

	方案一	方案二
样本数	161	225
订正前	41.62	40.89
订正后	60.25	52.68
增长百分比(%)	44.78	28.83

4.3.4.2　空气质量预报评分

根据中国气象局应急减灾与公共服务司下发的气减函〔2014〕62 号文件中《城市空气质量预报检验评估和考核办法》,对基于 BP 神经网络的空气质量预报优化结果进行检验评估。评分方法如下:

(1)资料传输时效评分(S1)

按照《国家级空气质量预报业务暂行规范》(气减函〔2014〕9 号),国家气象信息中心负责每日 14:50 前向省级气象部门下发中央气象台制作的各城市首要污染物预报和 AQI 指数预报指导产品;各相关台(站)在与环境监测站完成本市空气质量预报会商后,应于 16:40 之前通过省局将预报结果传送至中央气象台。

各城市空气质量预报结果必须按规定的格式、传输方式传送至中央气象台。具体分为:在规定时间前上传为准时,否则为迟报,迟报 30 min 以上为缺报,以及完全缺报。资料传输时效评分按 100 分计。资料传输时效评分采取扣分方法,即迟报 1~10 min 扣 30 分,迟报 11~20 min 扣 50 分,迟报 21~30 min 扣 70 分,迟报 30 min 以上扣 90 分,完全缺报不得分。传输时间以中央气象台主站服务器时间为准。

(2)空气质量预报精确度评分(S2)

空气质量预报精确度评分按以下统计模型进行评定:

$$S2 = 0.1f1 + 0.4f2 + 0.1f3 + 0.2f4 + 0.2f5 \tag{4.20}$$

其中,S2 为预报精确度评分(取 1 位小数);f1 为首要污染物预报正确性评分;f2 为 AQI 等级预报正确性评分;f3 为首要污染物预报技巧评分;f4 为 AQI 等级预报技巧评分;f5 为 AQI 数值预报误差评分。

① 首要污染物预报正确性评分(f1)

若预报的首要污染物与实况一致,则判定为首要污染物预报正确,否则为错误。首要污染物预报正确性评分按 100 分计算,首要污染物预报正确得 100 分,错误得 0 分。若有两种或多种污染物并列为首要污染物,预报出其中一种即判定为首要污染物预报正确。

② AQI 等级预报正确性评分(f2)

每日 AQI 等级预报正确性按以下评分:

实况等级	预报等级					
	一级	二级	三级	四级	五级	六级
一级	100	50	25	0	0	0
二级	50	100	50	25	0	0
三级	25	50	100	50	25	0
四级	0	25	50	100	50	25
五级	0	0	25	50	100	50
六级	0	0	0	25	50	100

③ 首要污染物预报技巧评分(f3)

每日首要污染物预报技巧评分(f3)按以下计算:

各省会预报	国家气象中心指导预报	
	正确	错误
正确	0	100
错误	−100	0

当首要污染物预报与实况完全一致时为正确预报,首要污染物预报准确率定义为某个时间段内,正确预报天数所占的比例。当 AQI 实况为一级即没有首要污染物时,无预报视为正确,否则视为错误。

④ AQI 等级预报技巧评分(f4)

每日 AQI 等级预报技巧评分(f4)按以下计算:

各省会预报	国家气象中心指导预报	
	正确	错误
正确	0	100
错误	−100	0

当 AQI 等级预报与实况完全一致时为正确预报,AQI 等级预报准确率定义为某个时间段内,正确预报天数所占的比例,例如,对某城市 30 d 的 AQI 等级预报中,省级预报有 6 d 与实况一致,则省级 AQI 等级预报准确率为 20%。

⑤ AQI 数值预报误差评分(f5)

AQI 数值预报误差评分(f5)按以下计算:

预报数值与实况数值误差	0~25	26~50	51~100	101~150	151~500
评分	100	80	60	30	0

(3)逐日空气质量预报综合评分

逐日空气质量预报综合评分按下式计算:

$$R = 0.2S1 + 0.8S2 \tag{4.21}$$

式中,R 为逐日空气质量预报综合评分(取 1 位小数);S1 为资料传输时效评分;S2 为空气质量预报精确度评分。

2019 年 4 月—2020 年 4 月成都市空气质量评分由逐日预报质量评分求平均计算得出,计算结果如表 4.13,订正后各个评分均有所提高,其中方案一各评分增长百分比大于方案二。方案一,首要污染物预报技巧评分和 AQI 等级预报技巧评分由原来的 0 提高为 18.63 和 17.39,空气质量预报精确度评分由 50.82 提高为 62.56,增长百分比为 23.10%,综合资料传输时效评分后的空气质量预报综合评分由 60.66提高为 70.05,增长百分比为 15.48%;方案二,首要污染物和 AQI 等级预报技巧评分由 0 提高为 11.61 和 9.82,空气质量预报精确度评分由 51.50 提高为 58.21,增长百分比为 13.03%,综合资料传输时效评分后的空气质量预报综合评分由 61.20 提高为 66.57,增长百分比为 8.77%。

表 4.13　2019 年 4 月—2020 年 4 月成都市空气质量预报评分

评分	方案一			方案二		
	订正前	订正后	增长百分比(%)	订正前	订正后	增长百分比(%)
首要污染物预报正确性评分(f1)	41.62	60.87	46.27	41.33	53.13	28.53
AQI 等级预报正确性评分(f2)	72.21	80.75	11.83	73.89	78.46	6.19
首要污染物预报技巧评分(f3)	0	18.63	↑	0	11.61	↑
AQI 等级预报技巧评分(f4)	0	17.39	↑	0	9.82	↑
AQI 数值预报误差评分(f5)	88.88	94.16	6.73	89.07	91.96	3.25
空气质量预报精确度评分(S2)	50.82	62.56	23.10	51.50	58.21	13.03
资料传输时效评分(S1)	100.00	100.00	0	100.00	100.00	0
空气质量预报综合评分(R)	60.66	70.05	15.48	61.20	66.57	8.77

对两种方案的样本进行具体分析,表 4.14 和表 4.15 为分不同月统计不同污染等级的样本数,方案一在 2019 年 12 月以及 2020 年 1—2 月样本数为 0,2019 年 4月、6 月、7 月、11 月以及 2020 年 3—4 月样本数较少,主要是因为在这些月从CIMISS 气象数据接口下载的欧洲中心数值预报产品数据缺失较多,采用预报日前连续 30 d(有效样本数至少 20 个)的历史数据资料作为网络训练样本时,有效样本数缺失也较多;方案二采用预报日前不连续 30 d(保证 30 个有效样本)的历史数据资料作为网络训练样本时,2019 年 5 月、8 月、9 月、10 月样本数没有变化,其他月均有所增加,其中 2019 年 11 月至 2020 年 2 月由于欧洲中心数值预报产品数据缺失太多,样本数增加很少。

表 4.14　不同月不同污染等级样本数统计(方案一)

样本数	1月	2月	3月	4月	5月	6月	7月	8月	9月	10月	11月	12月
1级	—	—	3	0	4	0	5	3	13	10	0	—
2级	—	—	1	9	23	2	9	12	9	18	6	—
3级	—	—	1	7	2	3	3	12	2	1	0	—
4级	—	—	0	0	0	1	0	1	0	0	0	—
5级	—	—	0	0	0	0	0	1	0	0	0	—
合计	—	—	5	16	29	6	17	29	24	29	6	—

表 4.15　不同月不同污染等级样本数统计(方案二)

样本数	1月	2月	3月	4月	5月	6月	7月	8月	9月	10月	11月	12月
1级	0	0	6	2	4	5	5	3	13	10	1	0
2级	6	1	15	15	23	5	19	12	9	18	7	1
3级	7	1	2	7	2	4	3	12	2	1	0	0
4级	0	0	0	0	0	2	0	1	0	0	0	0
5级	0	0	0	0	0	0	0	1	0	0	0	0
合计	13	2	23	24	29	16	27	29	24	29	8	1

表 4.16 和表 4.17 为分不同月统计六种污染物作为首要污染物出现频率,结合各月有效样本数进行分析发现,方案一中有效样本数超过 15 的月包括 2019 年 5 月、7 月、8 月、9 月、10 月以及 2020 年 4 月,其中 2019 年 5 月、7 月、8 月以及 2020 年 4 月 O_3 作为首要污染物出现的频率最大,分别为 60.00%、83.33%、80.77% 和 56.25%,2019 年 9—10 月 NO_2 作为首要污染物出现的频率最大,分别为 54.55% 和 68.42%,其次是 $PM_{2.5}$;方案二中有效样本数超过 15 的月包括 2019 年 5—10 月以及 2020 年 3—4 月,其中 2019 年 5—8 月以及 2020 年 4 月 O_3 作为首要污染物出现的频率最大,分别为 60.00%、90.91%、68.18%、80.77% 和 59.09%,2019 年 9—10 月相对于方案一没有变化 2020 年 3 月 $PM_{2.5}$ 作为首要污染物出现的频率最大,为 41.17%。

表 4.16　不同月六种污染物作为首要污染物出现频率统计(方案一)

污染物	1月	2月	3月	4月	5月	6月	7月	8月	9月	10月	11月	12月
O_3	—	—	0	56.25	60.00	83.33	83.33	80.77	0	0	0	—
$PM_{2.5}$	—	—	100	31.25	20.00	0	0	0	36.36	31.58	100.00	—
PM_{10}	—	—	0	6.25	12.00	16.67	16.67	7.69	9.09	0	0	—
NO_2	—	—	0	6.25	8.00	0	0	11.54	54.55	68.42	0	—
CO	—	—	0	0	0	0	0	0	0	0	0	—
SO_2	—	—	0	0	0	0	0	0	0	0	0	—

表 4.17　不同月六种污染物作为首要污染物出现频率统计(方案二)

污染物	1月	2月	3月	4月	5月	6月	7月	8月	9月	10月	11月	12月
O_3	0	50.00	17.65	59.09	60.00	90.91	68.18	80.77	0	0	0	0
$PM_{2.5}$	84.62	50.00	41.17	22.73	20.00	0	0	0	36.36	31.58	100.00	0
PM_{10}	7.69	0	29.41	13.64	12.00	9.09	31.82	7.69	9.09	0	0	0
NO_2	7.69	0	11.77	4.54	8.00	0	0	11.54	54.55	68.42	0	100.00
CO	0	0	0	0	0	0	0	0	0	0	0	0
SO_2	0	0	0	0	0	0	0	0	0	0	0	0

表 4.18 和表 4.19 为分不同月统计方案一和方案二的空气质量预报评分,结合前面各月的样本数统计和首要污染物出现频率统计进行分析,方案一中有效样本数大于 0 的月除 2019 年 6 月的空气质量预报评分增长百分比为负值,2020 年 3 月增长百分比为 0,其余月的增长百分比均为正值,其中 2019 年 9 月增长最多,为41.54%。方案二各月有效样本数均大于 0,2019 年 11 月 8 个样本,2019 年 2 月 1 个样本,2020 年 1 月 13 个样本,2020 年 2 月 2 个样本,2020 年 3 月虽然增加了很多样本数,但是由于 2019 年 11 月至 2020 年 2 月样本缺失太多,主要用较远时间以前的数据作为训练样本,故方案二的 2020 年 3 月呈负订正,2019 年 7 月是相同原因;2019 年 5 月、8 月、9 月、10 月数据缺失比较少,方案一和方案二无差别。

表 4.18　分不同月统计空气质量预报评分(方案一)

		f1	f2	f3	f4	f5	S2	S1	R
1月(0)	订正前	—	—	—	—	—	—	—	—
	订正后	—	—	—	—	—	—	—	—
	增长百分比(%)	—	—	—	—	—	—	—	—
2月(0)	订正前	—	—	—	—	—	—	—	—
	订正后	—	—	—	—	—	—	—	—
	增长百分比(%)	—	—	—	—	—	—	—	—
3月(5)	订正前	40.00	60.00	0	0	88.00	45.60	100.00	56.48
	订正后	40.00	60.00	0	0	88.00	45.60	100.00	56.48
	增长百分比(%)	0	0	—	—	0	0	—	0
4月(16)	订正前	31.25	81.25	0	0	92.50	54.13	100.00	63.30
	订正后	56.25	79.69	25.00	0	93.75	58.75	100.00	67.00
	增长百分比(%)	80.00	−1.92	↑	—	1.35	8.55	—	5.85
5月(29)	订正前	31.04	63.79	0	0	80.00	44.62	100.00	55.70
	订正后	41.38	81.04	6.90	31.04	94.48	62.35	100.00	69.88
	增长百分比(%)	33.33	27.03	↑	↑	18.10	39.72	—	25.46

续表

		f1	f2	f3	f4	f5	S2	S1	R
	订正前	66.67	66.67	0	0	90.00	51.33	100.00	61.07
6月(6)	订正后	83.33	54.17	16.67	−16.67	80.00	44.33	100.00	55.47
	增长百分比(%)	25.00	−18.75	↑	↓	−11.11	−13.64	—	−9.17
	订正前	52.94	73.53	0	0	91.77	53.06	100.00	62.45
7月(17)	订正后	52.94	76.47	0	11.77	94.12	57.06	100.00	65.65
	增长百分比(%)	0	4.00	—		2.56	7.54	—	5.12
	订正前	62.07	66.38	0	0	82.41	49.24	100.00	59.39
8月(29)	订正后	68.97	80.17	6.90	24.14	91.03	62.69	100.00	70.15
	增长百分比(%)	11.11	20.78	↑	↑	10.46	27.31	—	18.11
	订正前	12.50	66.67	0	0	92.50	46.42	100.00	57.13
9月(24)	订正后	70.83	87.50	58.33	41.67	99.17	76.08	100.00	80.87
	增长百分比(%)	466.67	31.25	↑	↑	7.21	63.91	—	41.54
	订正前	48.28	84.48	0	0	95.86	57.79	100.00	66.24
10月(29)	订正后	62.07	83.62	13.79	0	95.86	60.21	100.00	68.17
	增长百分比(%)	28.57	−1.02	↑	—	0	4.18	—	2.92
	订正前	50.00	91.67	0	0	96.67	61.00	100.00	68.80
11月(6)	订正后	100.00	100.00	50.00	16.67	100.00	78.33	100.00	82.67
	增长百分比(%)	100.00	9.09	↑	↑	3.45	28.42	—	20.16
	订正前	—	—	—	—	—	—	—	—
12月(0)	订正后	—	—	—	—	—	—	—	—
	增长百分比(%)								

表 4.19　分不同月统计空气质量预报评分(方案二)

		f1	f2	f3	f4	f5	S2	S1	R
1月	订正前	84.62	55.77	0	0	78.46	46.46	100.00	57.17
(13)	订正后	38.46	71.15	−46.15	30.77	83.85	50.62	100.00	60.49
	增长百分比(%)	−54.55	27.59	↓	↑	6.86	8.94	—	5.81
2月	订正前	50.00	75.00	0	0	90.00	53.00	100.00	62.40
(2)	订正后	0	37.50	−50.00	−50.00	45.00	9.00	100.00	27.20
	增长百分比(%)	−100.00	−50.00	↓	↓	−50.00	−83.02	—	−56.41
3月	订正前	30.43	80.43	0	0	89.57	53.13	100.00	62.50
(23)	订正后	27.27	69.32	0	−18.18	83.64	43.55	100.00	54.84
	增长百分比(%)	−10.39	−13.82	—	↓	−6.62	−18.04	—	−12.27
4月	订正前	29.17	85.42	0	0	95.00	56.08	100.00	64.87
(24)	订正后	50.00	82.29	20.83	−4.17	95.83	58.33	100.00	66.67
	增长百分比(%)	71.43	−3.66	↑	↓	0.88	4.01	—	2.78

续表

		f1	f2	f3	f4	f5	S2	S1	R
5月 (29)	订正前	31.04	63.79	0	0	80.00	44.62	100.00	55.70
	订正后	41.38	81.04	6.90	31.04	94.48	62.35	100.00	69.88
	增长百分比(%)	33.33	27.03	↑	↑	18.10	39.72	—	25.46
6月 (16)	订正前	50.00	67.19	0	0	85.63	49.00	100.00	59.20
	订正后	68.75	64.06	18.75	−12.5	88.75	49.63	100.00	59.70
	增长百分比(%)	37.50	−4.65	↑	↓	3.65	1.28	—	0.85
7月 (27)	订正前	40.74	79.63	0	0	94.89	54.89	100.00	63.91
	订正后	40.74	75.93	0	−3.70	93.33	52.37	100.00	61.90
	增长百分比(%)	0	−4.65	—	↓	−1.56	−4.59	—	−3.15
8月 (29)	订正前	62.07	66.38	0	0	82.41	49.24	100.00	59.39
	订正后	68.97	80.17	6.90	24.14	91.03	62.69	100.00	70.15
	增长百分比(%)	11.11	20.78	↑	↑	10.46	27.31	—	18.11
9月 (24)	订正前	12.50	66.67	0	0	92.50	46.42	100.00	57.13
	订正后	70.83	87.5	58.33	41.67	99.17	76.08	100.00	80.87
	增长百分比(%)	466.67	31.25	↑	↑	7.21	63.91	—	41.54
10月 (29)	订正前	48.28	84.48	0	0	95.86	57.79	100.00	66.24
	订正后	62.07	83.62	13.79	0	95.86	60.21	100.00	68.17
	增长百分比(%)	28.57	−1.02	↑	—	0	4.18	—	2.92
11月 (8)	订正前	37.50	87.50	0	0	95.00	57.75	100.00	66.20
	订正后	75.00	87.50	37.50	12.50	87.50	66.25	100.00	73.00
	增长百分比(%)	100.00	0	↑	↑	−7.90	14.72	—	10.27
12月 (1)	订正前	100.00	100.00	0	0	100.00	70.00	100.00	76.00
	订正后	100.00	100.00	0	0	100.00	70.00	100.00	76.00
	增长百分比(%)	0	0	—	—	0	0	—	0

根据前面的分析,2019年5月、8月、9月、10月样本缺失较少,两种方案订正结果无差别,以这几个月样本分不同污染等级和不同首要污染物进行空气质量预报评分,排除样本缺失带来的干扰,计算结果如表4.20和表4.21。污染等级为1、2、3、4、5级时的样本数分别为30、62、17、1、1,空气质量预报评分增长百分比分别为49.28%、4.98%、32.12%、101.75%、116.13%,4级和5级的样本数为1,无代表性。$PM_{2.5}$、O_3、PM_{10}、NO_2作为首要污染物的样本数分别为13、36、6、24,评分增长百分比分别为21.97%、19.46%、12.21%、−5.78%。

表 4.20　分不同污染等级统计空气质量预报评分

	评分	f1	f2	f3	f4	f5	S2	S1	R
	订正前	10.00	53.33	0	0	88.67	40.07	100.00	52.05
1级(30)	订正后	60.00	79.17	50.00	50.00	97.33	72.13	100.00	77.71
	增长百分比(%)	500.00	48.44	↑	↑	9.77	80.03	—	49.28
	订正前	43.55	85.48	0	0	90.65	56.68	100.00	65.34
2级(62)	订正后	50.00	87.90	4.84	4.84	95.48	60.71	100.00	68.57
	增长百分比(%)	14.82	2.83	↑	↑	5.34	7.11	—	4.94
	订正前	76.47	52.94	0	0	78.82	44.59	100.00	55.67
3级(17)	订正后	94.12	73.53	17.65	41.18	90.59	66.94	100.00	73.55
	增长百分比(%)	23.08	38.89	↑	↑	14.93	50.13	—	32.12
	订正前	100.00	25.00	0	0	60.00	32.00	100.00	45.60
4级(1)	订正后	100.00	100.00	0	100.00	100.00	90.00	100.00	92.00
	增长百分比(%)	0	300.00	—	↑	66.67	181.25	—	101.75
	订正前	0	0	0	0	30.00	6.00	100.00	24.80
5级(1)	订正后	100.00	25.00	100.00	0	60.00	42.00	100.00	53.60
	增长百分比(%)	↑	↑	↑	—	100.00	600.00	—	116.13

表 4.21　分不同首要污染物统计空气质量预报评分

	评分	f1	f2	f3	f4	f5	S2	S1	R
	订正前	7.69	76.92	0	0	95.39	50.62	100.00	60.49
$PM_{2.5}$ (13)	订正后	61.54	84.62	53.85	15.39	93.85	67.23	100.00	73.79
	增长百分比(%)	700.00	10.00	↑	↑	−1.61	32.83	—	21.97
	订正前	63.89	65.97	0	0	80.83	48.94	100.00	59.16
O_3 (36)	订正后	72.22	79.86	8.33	25.00	91.67	63.33	100.00	70.67
	增长百分比(%)	13.04	21.05	↑	↑	13.40	29.40	—	19.46
	订正前	0	75.00	0	0	80.00	46.00	100.00	56.80
PM_{10} (6)	订正后	0	83.33	0	16.67	90.00	54.67	100.00	63.73
	增长百分比(%)	—	11.11	—	↑	12.50	18.84	—	12.21
	订正前	70.83	95.83	0	0	95.00	64.42	100.00	71.53
NO_2 (24)	订正后	58.33	91.67	−12.50	−8.33	98.33	59.25	100.00	67.40
	增长百分比(%)	−17.65	−4.35	↓	↓	3.51	−8.02	—	−5.78
多个	订正前	0	50.00	0	0	70.00	34.00	100.00	47.20
污染物	订正后	50.00	75.00	0	50.00	100.00	65.00	100.00	72.00
(2)	增长百分比(%)	↑	50.00	—	↑	42.86	91.18	—	52.54

4.3.5　业务试运行

为了进一步验证建立的订正方法的效果,2020年5—7月,对建立的基于BP神经网络的成都市空气质量预报优化模型进行业务试运行,有效天数为73 d,其中5月为24 d,6月为23 d,7月为26 d,样本缺失较少,两种方案订正结果一致。2020年5—7月订正前后成都市空气质量评分计算结果如表4.22所示,订正前首要污染物预报技巧评分和AQI等级预报技巧评分仍为0,订正后均有提升,分别为2.74和17.81,订正后其余评分仍然均有所提高,空气质量预报精确度评分由51.45提升为60.66,增长百分比为17.89%,综合资料传输时效评分后的空气质量预报综合评分由61.16提升为68.53,增长百分比为12.04%。

表 4.22　2020 年 5—7 月成都市空气质量预报评分

	订正前	订正后	增长百分比(%)
首要污染物预报正确性评分(f1)	65.75	69.86	6.25
AQI 等级预报正确性评分(f2)	69.86	79.11	13.24
首要污染物预报技巧评分(f3)	0	2.74	↑
AQI 等级预报技巧评分(f4)	0	17.81	↑
AQI 数值预报误差评分(f5)	84.66	90.96	7.44
空气质量预报精确度评分(S2)	51.45	60.66	17.89
资料传输时效评分(S1)	100.00	100.00	—
空气质量预报综合评分(R)	61.16	68.53	12.04

主要参考文献

曹杨,李钰春,赵晓莉,等,2020. 成都市区夏季臭氧污染特征及与气象因子的关系研究[J]. 环境
　　科学与管理,45(10):135-139.

陈镭,许建明,许晓林,2017. 上海地区通风指数的应用研究[J]. 环境科学学报,37(10):
　　3929-3935.

陈龙,智协飞,覃军,等 .2016. 影响武汉市空气污染的地面环流形势及其与污染物浓度的关系
　　[J]. 气象,42(7):819-826.

陈雨婷,向卫国,钱骏,等,2019. 空气污染气象指数在成都地区的适用性分析[J]. 环境科学与技
　　术,42(S2),207-214.

程月星,戴健,王玮琦,等 .2017. 北京市朝阳区重空气污染天气类型分析[J]. 气象与环境学报,
　　(5).44-52.

邓涛,吴兑,邓雪娇,等,2014. 广州地区一次严重灰霾过程的垂直探测[J]. 中国科学:地球科学,
　　44:2307-2314.

杜筱筱,杨景朝,赵晓莉,等,2021. 成都市秋冬季天气形势客观分型与空气质量关联研究[J]. 环
　　境科学与管理,46(1):58-62.

郭庆春,等,2012. 人工神经网络在大气污染预测中的应用研究[J]. 工业仪表与自动化装置,4:
　　18-22.

靳甜甜,李二杰,祁妙,等,2018. 河北中南部两次重污染过程通风系数特征分析[C]//第35届中国
　　气象学会年会 S12 大气成分与天气、气候变化与环境影响暨环境气象预报及影响评估 .

李博,王颖,张稼轩,等,2018. 河谷城市通风系数研究[J]. 环境科学研究,31(8):1382-1388.

李梦,唐贵谦,黄俊,等,2015. 京津冀冬季大气混合层高度与大气污染的关系[J]. 环境科学,36
　　(6):1935-1943.

李培荣,肖天贵 .2020. 成都地区秋冬季污染天气形势下 $PM_{2.5}$ 的扩散与输送[J]. 中国环境科学,
　　40(1):63-75

孙冉,王成都,刘国东,2015.2014 年成都市 $PM_{2.5}$ 污染及其与气象要素的关系[J]. 环境工程,33:
　　472-475.

王春乙,1995. 臭氧对农作物的影响研究[J]. 应用气象学报,6(3):343-349.

王明洁,贺佳佳,王书欣,等 .2018. 基于 AQI 的深圳大气污染特征及其典型环流形势分析[J]. 生
　　态环境学报,027(002):268-275.

汪震,2019. 空气污染对中国居民主观幸福感的影响研究[D]. 南昌:江西财经大学经济学院 .

肖钟湧,江洪,2011. 四川盆地大气 NO_2 特征研究[J]. 中国环境科学,31(11):1782-1788.

徐锟,刘志红,何沐全,等,2018. 成都市夏季近地面臭氧污染气象特征[J]. 中国环境监测,2018,
　　34(5):36-45.

闫妍,张云鹏,李凯月,等,2013. 基于 BP 神经网络的西安环境空气质量的预测[J]. 电子设计工程,21(21):54-57.

曾胜兰,王雅芳. 2016. 成都地区污染天气分型及其污染气象特征研究[J]. 长江流域资源与环境,(S1):61-69.

张娟,刘志红,段伯隆,等,2016.2014 年成都市大气污染特征及气象因子分析[J]. 四川环境,35(6):79-88.

赵川鸿,赵鹏国,周筠珺,2018. 西南地区臭氧空间分布及变化趋势[J]. 气象科学,238(2):149-156.

中国气象局,2003. 地面气象观测规范[M]. 北京:气象出版社.

中国气象局监测网络司,2006. 酸雨观测业务规范[M]. 北京:气象出版社.

周秀骥,罗超,李维亮,等. 1995. 中国地区臭氧总量变化与青藏高原低值中心[J]. 科学通报,40(15):1396-1398.

HUTH R,1996. An inter comparison of computer-assisted circulation classification methods[J]. International Journal of Climatology,16(8):893-922.

IYER U S,RAJ P E,2013. Ventilation coefficient trends in the recent decades over four major Indian metropolitan cities[J]. Journal of Earth System Science,122(2):537-549.

MOK K M,TAM S C,1998. Short-term prediction of SO_2 concentration in Macau with artificial-neural network[J]. Energy and Build,28:279-286.

PHILIPP A,BECK C,HUTH R,et al,2016. Development and comparison of circulation type classifications using the COST733 dataset and software[J]. International Journal of Climatology,36(7):2673-2691.

SCHAFER K,EMEIS S,HOFFMANN H,et al,2006. Influence of mixing layer height upon air pollution in urban and sub-urban areas[J]. Meteorologische Zeitschrift,15(6):647-658.

WU M,WU D,FAN Q,et al,2013. Observational studies of the meteorological characteristics associated with poor air quality over the Pearl River Delta in China[J]. Atmospheric Chemistry and Physics,13(21):10755-10766.

ZHU P,ALBRECHT,BRUCE,2002. Theoretical and observational analysis on the formation of fair-weather cumuli. J Atmos Sci,59,1983-2005.

ZIEMKE J R,CHANDRA S,BHARTIA P K,1998. Two new methods for deriving tropospheric column ozone from TOMS measurements: Assimilated UARS MLS/HALOE and convectivecloud differential techniques[J]. Journal of Geophysical Research Atmospheres,103(17):22115-22127.